My Success is Decided By Me

李启明 编著

我的成功我做主

——怎样管理好你自己12讲

经济管理出版社
ECONOMY & MANAGEMENT PUBLISHING HOUSE

图书在版编目（CIP）数据

我的成功我做主：怎样管理好你自己 12 讲/李启明编著. —北京：经济管理出版社，2011.3

ISBN 978-7-5096-1339-9

Ⅰ. ①我…　Ⅱ. ①李…　Ⅲ. ①自我管理—通俗读物　Ⅳ. ①C912.1-49

中国版本图书馆 CIP 数据核字（2011）第 049254 号

出版发行：经济管理出版社
地　　址：北京市海淀区北蜂窝 8 号中雅大厦 11 层
邮　　编：100038
电　　话：（010）51915602
印　　刷：北京晨旭印刷厂
经　　销：新华书店
组稿编辑：贾晓建
责任编辑：魏晨红
责任印制：黄　铄
责任校对：蒋　方

720mm×1000mm/16　　15.25 印张　　210 千字
2011 年 5 月第 1 版　　2011 年 5 月第 1 次印刷
印　　数：1—8000 册
定　　价：26.00 元
书　　号：ISBN 978-7-5096-1339-9

前 言

人人追求成功，为什么有的人总是无功而返甚至一事无成；人人追求幸福，为什么有的人总是不快乐甚至与幸福无缘；人人追求圆满，总希望不出问题，为什么剪不断，理还乱……无论追求成功、幸福还是圆满，每个人几乎都陷入了一个误区：总是把希望的钥匙交给别人，唯独忘记了“我的成功我做主”。

如何为自己做主，管理好自己是根本。包括管理好你的目标、你的自信心、你的情绪、你的心态、你的人际关系、你的形象、你的习惯、你的学习等。古希腊哲学家泰勒斯曾说：“做什么事情最容易，给别人提意见最容易；做什么事最难，管理好自己最难。”俄国大作家托尔斯泰曾说：“人人都想改变世界，唯独没有想到改变自己。”许多年轻人忙忙碌碌，只顾拉车，不抬头看路，不懂得怎样把自己放到最能发挥自己的长处、最容易取得成功的位置上去。希腊哲学家苏格拉底说：“人生最宝贵的知识，就是认识自己。”相传，苏格拉底有一天中午在阳光下点着一根蜡烛在街上行走，好像在寻找什么东西。他的学生跑上前去，问他道：“老师！您在找什么？”苏格拉底严肃而认真地答道：“找自己！”人生漫漫路，成功道路千万条，最重要的是靠自己。有一句话讲得好：“你认为你行，你就行。”

4年前，笔者编著的一本畅销书《怎样管理好你自己》，得到了读者的厚爱。今天，在原书的基础上，换了一个角度，补充了一些更贴近实际的内容再版，以讲课的方式讲授人生成功的秘密，期望给渴望成功的年轻人一些启示，从中摄取营养。

目前，社会上成功励志类的书很多，真是“横看成岭侧成峰，远近高低各不同”。笔者也曾编著过21世纪企业家智慧丛书《成功始于意识》、《成功始于战略》、《成功始于创新》(经济管理出版社出版),但从管理自己的角度来探讨成功秘诀者似不多见。从某种意义上讲,是不是找到了失败者的痛处和成功与否的根本原因呢?当然,其他一些励志类书籍也会有所触及,可能是一些“零散件”。本书在重构过程中首先要感谢那些提供“零散件”的朋友,同时对经济管理出版社表示衷心的感谢。

成功学家拿破仑·希尔在《人人都能成功》一书中指出:“成功与失败之间的差别其实很小,成功不过是信心更多一点,热情更高一点,速度更快一点罢了。”笔者想补充一句:“对自己更狠一点。”也许对成功更奏效。

祝愿所有接触本书的人能有所识,有所悟,有所行,走向成熟,走向成功。

李启明

2011 年 3 月于北京

目 录

第一讲　管理好你的人生目标

——做一个有志向的人

名人名言

● 一心向着目标前进的人，整个世界都会给他让路。

——[美] 科学家 爱默生

● 没有幻想的游戏，工作不会成功。

——[英] 心理学专家 卡乐·荣格

● 目标是对未来的设想，是为了实现它要去做和正在做的事情，目标不仅是一个决心和打算。

——[英] 时间管理专家 培尔·塞伟特

● 当你回首往事时，发现成功人士的一切大都源于个人的梦想与追逐的目标，可见目标管理对自己一生影响有多大。

——[美] 演说家 戴尔·卡耐基

目标在英文单词中是指aim，原意是指打靶的“靶心”。人生目标就是我们生活的靶心，它能集中我们身上所有的精力和热情。人生不能因没有目标而昏昏然生活。心理学家卡乐·荣格说：“没有幻想的游戏，工作不会成功。”也就是说，有了志向，才会取得成功。

案例1-1　爱丽丝想去哪？

看过卡通片《爱丽丝梦游仙境》的故事，一定还记得其中一个小片段：

爱丽丝来到一个通往不同方向的路口，迷惑了，不知该选择哪一条道。于是，她向小猫咪求助：

“小猫咪，告诉我，我该走哪一条道？”

小猫咪看了看她，回答说：“那就要看你想去哪儿啰！”

爱丽丝迷茫地说：“去哪儿，我也不知道，去哪儿都无所谓。”

小猫咪笑着说：“那么，你走哪一条道也都无所谓了。”

生活中就有许多像爱丽丝一样的人，当他在生活的十字路口作选择的时候，不知该走哪条路？很多时候不知道自己究竟想要干什么。一个人连自己想做什么都不知道，又何谈选择呢！著名管理学家德鲁克曾指出：“知道何去何从的人，即使资历平凡，也能有杰出表现。”由此可见，目标选择对人生、对工作是何等重要！

案例 1–2 毛毛虫的悲哀

法国博物学家让·亨利·法布尔做了一个有趣的实验：他从树上找到正在爬行的一组毛毛虫，把它们放在一个大花盆的边上，围绕大花盆组成一个大圆圈，同时也在旁边摆放了一些食物。毛毛虫开始移动了，一条接着一条，每一条毛毛虫就跟在前面一只毛毛虫的后面，一圈一圈地移动蚕食。没有一只毛毛虫把头转向别的方向，就这样，毛毛虫以相同的速度走了七天七夜，直到食物吃光而饿死。

生活中也有许多人就像这些毛毛虫，自己没什么目标，跟着别人走，凭着感觉走，终日忙忙碌碌，犹犹豫豫，最终一事无成，回首过去空悲切。你见过这些人吗？你有过确定目标的感触吗？

（根据雷宇编著《自我管理的 17 堂课》改编，中国商业出版社，2002 年 8 月）

一、伟大的人生取决于伟大的目标

1. 人生目标设计与困惑

有个叫约翰·戈达德的人，他 15 岁的时候，就把自己一生要做的事情列了一份清单，被他称为“生命清单”。在这份排列有序的清单中，他给自己明确了所要攻克的 127 个具体目标，比如，探索尼罗河、攀登喜马拉雅山、读完莎士比亚的全部著作、写一本书等。44 年后，他以超人的毅力和非凡的勇气，在与命运的艰苦抗争中，终于实现了 106 个目标，成为一名卓有成就的电影制片人、作家和演说家，得到了让人羡慕的荣誉。

约翰·戈达德让人感动之处，不仅仅在于他创造了许多人间奇迹，做了许多有益于人类的事情，更重要的是他那种矢志不渝、坚忍不拔的奋斗精神，那种热爱生活、珍惜生命的人生态度以及由“生命清单”而延伸出来的高质量的人生目标。

现实生活中，人们对人生目标管理存在许多困惑或误区，影响了自我发展和成功。主要表现在：

一是目标的模糊性。在人生的旅途中，许多人不知道自己究竟想干什么、能干什么。我们前面列举的爱丽丝和毛毛虫两个案例正好说明了这一点。他们不是没有能力和机会，他们做事兢兢业业，可就是对自己的人生感到很不满意，他们也曾苦苦地思索到底是为什么，但始终理不出一个头绪来。假如你要问他们的人生目标是什么，好多人无言以对，他们心目中的目标往往是虚的，或者说模糊不清，或者说模棱两可。问题的症结在于他们没有真正给自己定下明确的目标，找不到“靶心”。很多人是跟着感觉走，跟着别人走，或东施效颦，别人做什么，跟着做什么，结果一事无成。

二是目标的不确定性。我们每个人都会有这样的经历，我们原本想做一件事情或实现一个目标，可若干年后，等我们回过头去看时，发现我们达到的目标根本就不是我们最初确定的。是什么让我们中途放弃了初衷呢？其中一个很重要的原因是目标不够专一，就像水上浮萍，常常因各种因素位移，以致出现失误后还常常以客观因素为借口，为自己辩解。正如一首歌中唱道：“过去我想去桂林，有时间没有钱；如今我想去桂林，有钱无时间。”应该说目标出现某些变化并不是坏事，比如当一个人欲望得到满足后又想再上一个层次，但是自己心目中的总目标不应改变。人生目标要保持相对的超前性和稳定性。不要朝三暮四，结果竹篮打水一场空。

三是目标的多样性。比如说，人可以有事业上的目标，精神上的目标，也可以有其他方面的目标。当几个目标一块儿出现时，还会相互发生冲突。比如“今天到底是加班呢，还是陪女朋友一起看电影呢？”相信大多数朋友都有过类似进退两难的境况。在遇到这种情况时应该慎重考虑一下到底孰重孰轻。不同的人可能会有不同的选择，比如一个以事业为重的人可能会选择加班，但另一个以感情为重的人会毫不犹豫地放下手头的工作，陪女朋友一起去享受人生的乐趣。我们不能机械地判定谁对谁错，因此在设定多种目标时，一定要分清楚什么对自己最重要。没有达到目标的人，不可能快乐，更不会取得成功，而不知道自己的目标为何物的人，即使达到了目标也不会快乐。

四是目标的空洞性。有的人生目标过于理想和空洞，甚至当做一种口号，写在纸上，喊在嘴上，认为只要有了决心和打算就是有了目标，却没有认真地去计划和行动。英国时间管理专家塔尔·赛伟特指出：“目标是对未来的设想，是为了实现它要去做和正在做的事情，目标不是一个决心和打算而已。”多少事实证明，一万句口号抵不上一次有效的行动。一般来说，目标应该尽可能具体。其具体程度取决于你拥有的精确的数据和信息量的多少，含糊其辞写出来的目标很少能鼓舞和激励自己。

五是目标的幻想性。有的目标不切合自身实际，只是一个幻想，根本无法兑现，反而责怪目标无用，放弃自己量身定做的目标。

正因为存在以上误区，所以一些人的人生目标是虚无的、模糊的、空洞的、不确定的、多变的，甚至是幻想的，直接影响了个人的前途和发展。

2. 新生活从选定方向开始

有人讲过这样一个故事：在非洲撒哈拉沙漠中有一个比塞尔村，那里被称为沙漠中的一颗明珠，每年有数以万计的旅游者来此观光。可是在此之前，这里的人没有一个人走出过大沙漠，据说不是因为他们不愿意离开这块贫瘠的土地，而是他们尝试过很多次都没能走出去。有一个叫肯·莱文的旅游者不相信这种说法，他用手语问这里的人，结果每个人的回答都一样：“从这儿无论向哪个方向走，最后都还是转回到出发的地方。”

比塞尔人为什么走不出去呢？肯·莱文为了解开这个谜，雇了一个比塞尔人给他带路。他们带了半个月的水，牵了两峰骆驼，肯·莱文收起指南针等现代设备，只拄一根木棍跟在后面。

10 天过去了，他们大约走了 800 英里的路程，某一天的早晨，他们果然又回到了原地比塞尔。这一次，肯·莱文终于明白了，比塞尔人之所以走不出大沙漠，是因为他们根本就不认识北斗星。

在一望无际的沙漠里，一个人如果凭着感觉往前走，一定会走出许多大小不一的圆圈，最后的足迹十有八九是一把卷尺的形状。比塞尔村处在浩瀚的沙漠中间，方圆上千公里没有一点参照物，若不认识北斗星又没有指南针，想走出沙漠，确实是不可能的。

肯·莱文在离开比塞尔时，告诉上次和他合作的阿古特尔：“只要你白天休息，夜晚朝着北面那颗星走，就能走出沙漠。”

阿古特尔照着去做，三天之后果然来到大沙漠的边缘。阿古特尔因此成为比塞尔的开拓者，他的铜像被竖立在小城的中央。铜像的底座上刻着一行字：“新生活是从选定方向开始的。”

现代社会人们的生活、工作节奏越来越快，要做的事越来越多，如何从纷繁复杂的事情中找到你真正要做的事，选准目标就十分重要。

二、你的目标“靶心”在哪里

很多人对目标茫然或视为可有可无，主要是对目标的重要性认识不足。他们不知道目标的作用和“靶心”在哪里，这是许多人不成功甚至失败的原因。

目标对人生发展究竟有哪些效用呢？

1. 目标使我们看到人生的彼岸

有一个故事：1952 年 7 月 4 日清晨，美国加利福尼亚海岸笼罩在浓雾中。在海岸以西 21 英里的卡塔林纳岛上，一个叫弗罗伦丝·查德威克的 34 岁女人跳入太平洋中，开始向加州海岸游过去。要是成功了，她就是第一个游过这个海峡的妇女。

那天早晨，海水冻得她身体发麻，雾很大，连护送她的船都几乎看不到。时间一个小时一个小时过去，千千万万人在电视上看着。有几次，鲨鱼靠近了她，被人开枪吓跑。她仍然在游。在以往这类渡海游泳中她的最大问题不是疲劳，而是刺骨的水温。

15 个小时之后，她又累，又冻得发麻。她感到自己不能再游了，就叫人拉她上船。她的母亲和教练在另一条船上。他们都告诉她海岸近了，叫她不要放弃。但她朝加州海岸望去，除了浓雾什么也看不到。

人们把她拉上船后，她渐渐觉得暖和多了。这时她开始感到失败的打击。她不假思索地对记者说：“说实在的，我不是为自己找借口。如果当时我能看见陆地，也许我能坚持下来。”其实，人们拉她上船的地点，离加州海岸只有半英里！后来她说，令她半途而废的不是疲劳，也不是寒冷，而是她在浓雾中看不到目标。两个月之后，她吸取教训，成功地游过了同一个海峡。

每一天，我们都能遇到像弗罗伦丝·查德威克这样对自己不满意而悔恨的人。你可知道，在这些对自己处境不满意而悔恨的人中，有98%对心目中喜欢的世界没有一幅清晰的图画。他们没有一个人生目标去鞭策自己，没有改善生活的目标，结果，他们继续生活在一个无意改变的世界上，因而无法到达理想的彼岸。

你给自己定下目标之后，目标就在两个方面起作用：一是你努力的依据；二是对你的鞭策。目标给了你一个看得见的射击靶。随着你努力实现这些目标，你会有成就感。对许多人来说，制定和实现目标就像是一场比赛。随着时间的推移，你实现了一个又一个目标，这时你的思维方式和工作方式都会渐渐改变。

2. 目标激发我们的干劲和热情

科学家爱默生说过这样一句话："一心向着目标前进的人，整个世界都会给他让路。"

一个人生活没有目标，他的激情和斗志就无处迸发。久而久之，人就会变得毫无生气，委靡不振，甚至神情恍惚。目前，在我国，就业问题已成为关注的焦点。有许多人失去工作，生活没有目标，因为无事可做而产生了许多非法的念头，甚至走上了犯罪的道路。相反，那些再就业明星选择一个目标后奋力拼搏从普普通通的下岗工人成了一个个企业家。

英国有一句谚语："对一艘盲目航行的船来说，任何方向的风都是逆风。"人一旦确立了目标，他的生活就有了动力，自然会为了实现目标而不断地奋斗。正如戴尔·卡耐基所说："当你回头思索时，发现人生的一切均源于个人的梦想和目标。"几年前，中央电视台曾报道一则案例，给高考学生在填报志愿时提个醒。某省高考学生曾是某市高考前考试摸底的"状元"。北大曾给该校一名保送指标，但却是化学专业。该生对化学不是十分感兴趣，但学校班主任老师为了保险起见，让他接受保送。可是到校后，发现班上化学高手云集，一年后主动提出退学，准备再考清华大学某专业。第二年，高考总成绩与清华录取线差三分。第三年再考，终于以该省理科状元进入清华大学，实现了曾追求的学校和某专业的目标。

3. 目标有助于我们安排轻重缓急，提高工作效率

确定目标的一个最大的好处是有助于我们安排日常工作的轻重缓急。没有这些目标，我们很容易陷入跟理想无关的现实事务当中。一个忘记最重要事情的人，会成为琐事的奴隶。一位哲人说过："智慧就是懂得该忽视什么东西的艺术，要学会选择，学会放弃。"

同时，目标也有助于提高工作效率。一旦目标明确，我们就能分

清哪些事情与我们的目标有关，哪些事情是无关紧要的；哪些是重要的，哪些是次要的。做事没有效率的人，一个很重要的原因就是他不知道自己先做什么，后做什么，不做什么。

比如，你准备晚上写一份计划书，明天上午交给领导，但是你的一位邻居约你去打牌。为了完成计划书，相信你一定会婉言谢绝。

4. 目标有助于我们做好事前准备并发挥潜能

在第二次世界大战期间，有一位记者采访美国的一名将军，问他屡战屡胜的原因。这位将军说："我首先要看清我的攻击目标，根据这个目标，做好周密战略部署。我从不打无准备之仗。"

目标确定后，我们的注意力就会放在目标上。同时，实现目标也需要有周密的计划。目标越明确，我们的准备范围和步骤就越详细具体，这样，离成功也就更近了。

同时，目标能引领自己发挥潜能。许多年前，某报做过300条鲸突然死亡的报道。这些鲸在追逐沙丁鱼时，不知不觉被困在了一个海湾里。有人这样说："这些小鱼把海上巨人引向死亡。鲸因为追逐小利而暴死，为了微不足道的目标而空耗了自己的巨大力量。"没有目标的人，就像故事中的那些鲸。他们有巨大的力量与潜能，但却把精力放在小事情上，而小事情使他忘记了自己本应做什么。说得明白一点，要发挥潜力，你必须全神贯注于自己的优势并集中精力。最终，在达到目标时，你自己成为什么样的人比你得到什么东西重要得多。

5. 目标有助于我们把握现在

成功人士告诉我们，有了目标，才能更好地把握现在。成功学家希拉尔·贝洛克说："当你做着将来的梦或者为过去而后悔时，你唯一拥有的现在却从你手中溜走了。"

目标虽然是朝向将来的，是有待将来实现的，但也是由一连串小任务或小的步骤组成的。实现任何理想，都要制定并且达到一连串的目标。每个重大目标的实现都是几个小目标、小步骤实现的结果。所以，如果你集中精力于当前手上的工作，心中明白你现在的种种努力都是为实现将来的目标铺路，那你就能成功。

6. 目标有助于评估个人进展

许多不成功者有个共同的问题，他们极少评估自己取得的进展。他们大多数人或者不明白自我评估的重要性，或者无法度量取得的进步。目标提供了一种自我评估的重要手段。如果你的目标是具体的、看得见摸得着的，你就可以根据自己距离最终目标有多远来衡量目前取得的进步。否则，目标看不见、摸不着、量不准，这个目标就值得反思了。

三、怎样管理好你的人生目标

1. 要为自己的目标“立宪”

宪法乃一国的根本大法，是规范一个国家任何组织和个人的行为的最根本的法律，是每一个公民和组织必须遵守的行为准则。没有宪法，一个国家将无法运作，而一部宪法制定得好坏，也将维系每个公民的权利和国家的命运。一个社会组织有它的章程，载明了组织的奋斗目标、历史任命以及组织成员的职责，它是一个组织的灵魂。那么，个人呢？你活着是为了什么？你靠什么活着？终日忙忙碌碌的你不妨暂时先停下手里的事情，好好做一次心灵之旅，为自己的目标定一个章程。

个人“立宪”主要体现在两个方面：一是人生价值观，价值观主宰着每一个人的行为方式，影响人们对周遭一切的反应；二是角色和使命。

人生价值观是由许多不同的因素组成的，比如家庭、友情、金钱、快乐、地位等，而且有先后顺序和重要程度层级。

为自己“立宪”，一个重要的问题就是要明白自己的做人做事原则。现实生活中并不是每个人都十分清楚自己做人做事的原则，生活重心不同，价值观也就不一样。

以家庭为重心的人工作奋斗的目的是为给配偶子女创造一个舒适的环境，享受天伦之乐就是他幸福快乐的源泉；以事业为重心的人，工作就是他生活的支柱和全部内容，对于别的事或人在他眼里显得并不重要，获得事业上的成功则是他心灵的归属。

为自己“立宪”，还要规范自己的角色和使命。一个人必须看清楚自己的角色，找到自己在社会中的位置，才能明确自己的人生使命，实现自己的人生价值和人生目标。

每个人从脱离母体开始就被确定了一个角色，你是父母的孩子，爷爷奶奶的孙子；随着你长大上学，你成为别人的同学；成家后，你是丈夫或妻子；在单位里，你是职员或者是领导。无论扮演何种角色，你都有一种义不容辞、责无旁贷的责任。

2. 确定你的人生目标

人生目标是由一个金字塔组成的，有总体目标、长期目标、中期目标、短期目标、日常计划等。

总体目标：即一生目标的最高境界，有的称为终极目标，每个人都希望达到或接近这些目标。被称为“汽车之父”的亨利·福特在自传中回忆说：“孩提时代我就有造车的目标。一次和父亲驾着马车朝城里奔走，忽然发现一辆机车在旁边停了下来。我跳下马车与司机交谈，司机把我带入了自动化运输工具的世界。我努力制作了很多相关模型，几年后，我终于制造了一辆汽车，从此更强化了我造汽车的梦。”

长期目标：总体目标设定以后，需要有一个长期目标来实施。一般来说，长期目标是需要你用 10 年以上的时间甚至一辈子才能做到的事情。目标越遥远，就越不具体，就越可能夜长梦多。但制定长期目标是重要的。没有长期目标引路，你就可能有短期的失败感。

中期目标：这些是你为达到长期目标而定的目标。一般地说，这些是你计划在 5~10 年做的事情。

短期目标：这是你为达到中期目标而定的目标。实现短期目标的时间为 1~3 年。

日常计划：这是你为达到短期目标而制定的每日、每周及每月的任务。

这里最关键的是如何制定好长期、中期和短期三级目标。

长期目标如同战争中的战略目标，对人的一生来说具有重要的战略意义。

首先，制定长期目标必须有远见。作家乔治·巴纳也说：“远见是在心中浮现的，将来的事物可能或者应该是什么样子的图画。”远见跟一个人的职业无关，他可以是货车司机、银行家、大学校长、职员、农民。世界上最穷的人并非是身无分文者，而是没有远见的人。

其次，制定长期目标要考虑自己的兴趣、爱好、能力、知识水平、社交关系等主观因素。“兴趣是最好的老师”，有了兴趣才能产生做事的积极性，才能提高我们的效率。但是，不少人往往会因暂时的利益而忽略了兴趣的作用，去选择一项自己不喜欢的工作。同时考虑自己的能力和知识水平也是十分必要的。凡事要做到切合实际，超越了自己的能力和知识水平范围，目标实现的几率几乎为零。特别是年轻人意气风发、血气方刚、心比天高，当目标落空后又很难面对失败，所以更应该从实际出发，切忌好高骛远。

中期目标像一座桥梁，这一头是长期目标，另一头是短期目标。一个中期目标能否实现，不仅影响到长期目标的实现，而且还会影响到下一个中期目标的实现。制定中期目标首先要具体明确，做到切实可行；其次，还应考虑你自身的现实条件。我们不能做能力达不到的事情，否则，面临的只能是失败；再次，制定中期目标要大胆地把它写出来或说出来，让它变得更加明朗、清楚、具体。美国独立战争中，美国前线指挥官约翰·亚当斯就把目标写了下来，交给同事共享，包括：①建立一支强大的军事力量。②争取让波士顿脱离英国控制。③与法国、西班牙建立经济与军事同盟。④与荷兰和丹麦签订船运条约。⑤制定法律，宣布英国船运业与北美殖民地私营业者是公平竞争关系。⑥发表正式的独立宣言，并对大英帝国宣战。

短期目标即日常小目标。而这些目标离我们生活最近，既是你必须要实现的，同时又是你最好控制的。日常小目标实现的好坏对于整个人生战略来讲意义重大。就像砌房子，没有砖，哪有高楼大厦呢？可人们常常忽略小目标，总觉得大丈夫应该干惊天动地的大事业，小事何足挂齿。事实上，任何事情都是从一点一滴开始的，“不积跬步，无以至千里；不积小流，无以成江海”。只有实现了一个接一个的小目标，成功才会越来越近。

美凯龙（Micro）中国区总经理张骥是1992年从清华大学毕业的，毕业不到10年，先后供职于联想、IBM乃至现在的美凯龙。他是怎样把握自己的目标的呢？

第一，志存高远。张骥踏出校门便决心投身于IT行业，并将成为跨国公司的行政总裁或副主席定为自己的职业目标。一个出类拔萃而又力所能及的长远目标，能提供个人职业发展的动力和方向，并避免人过早地产生自我满足感，失去继续进取的动力。

第二，以我为主。事业的成功与否最终决定于自己。尽管有很多公司为员工订立了职业发展规划，那也更多是从企业的利益出发。尤其是身处变革时代，每个职业经理人更应有一种危机感，把个人职业当成一项事业来经营，而自己就是投资者。张骥就是这样从根本上把握自己的命运的。

第三，脚踏实地。从在联想的小有所获，到在 IBM 的风光独好，以至在美凯龙的独占鳌头，张骥在职业生涯中步步为营。他认为必须心有定见，知道在每个发展阶段，自己真正需要的是什么。按张骥的说法，大公司整体抗风险能力强，个人抗风险能力弱；而小公司整体抗风险能力弱，个人抗风险能力强。只有做到心知肚明，才能摒弃随波逐流的诱惑，在职业发展中独辟蹊径。

第四，通权达变。在变革的现代社会，随机应变的能力不可或缺。张骥在个人的职业生涯中，能适应行业及企业的变化，把握趋势，正是“识时务者为俊杰”。

第五，打磨能力。个人能力是你在职业发展道路上的立足之本。在创建业绩的同时，切记要使自我能力不断长进。张骥在北京大学读完 MBA 后，又继续攻读法律博士学位。能力渐长，使自己的职业生涯更上一层楼。①

3. 确定你的职业生涯目标

清晰地设定职业目标是人生走向成功的第一步。美国企业培训专家 Steve Chandler 在《自我激励二十法》一文中，提出了 20 条锦囊妙计，值得我们参考。②

（1）树立远景目标。树立远景目标是迈向职业生涯成功的第一步，是要有一个你每天早晨醒来为之奋斗的目标，它应是你人生的目标。远景目标必须即刻着手建立，而不要往后拖。你随时可以按自己的想法做些改变，但不能一刻没有目标。

（2）适时调高目标。许多人惊奇地发现，他们之所以达不到自己孜孜以求的目标，是因为他们的主要目标太小，而且模糊不清，使自

① 摘自《世界经理人文摘》网站，作者为 Harold Pan。

② Steve Chandler:《自我激励二十法》，载《职业经理人文摘》1997 年 12 月，转引自张再生编著《职业生涯管理》，经济管理出版社，2002 年 1 月。

己失去动力。如果你的主要目标不能激发你的想象力，目标的实现就会遥遥无期。因此，真正能激励你奋发向上的是确立一个既宏伟又具体的远大目标。

(3) 离开舒适区。不断寻求挑战来激励自己，提醒自己，不要躺倒在舒适区。舒适区只是避风港，不是安乐窝。它只是你准备迎接下次挑战之前刻意放松自己和恢复元气的地方，而不是你一生的依靠。

(4) 把握好情绪。人开心的时候，体内就会发生奇妙的变化，从而获得新的动力和力量。但是，不要总想在自身之外寻开心。令你开心的事不在别处，就在你自己身上。因此，找出自身的情绪高涨期，用来不断激励自己。

(5) 加强紧迫感。作家阿耐斯（Anais Nin）曾写道："沉溺生活的人没有死的恐惧。"自以为长命百岁无益于你享受人生。然而，大多数人对此视而不见，假装自己的生命会绵延不绝。唯有心血来潮的那天，我们才会筹划大事业，将我们的目标和梦想寄托在丹尼斯（Denis Waitley）称之为"虚幻岛"的汪洋大海之中。其实，直面死亡未必要等到生命耗尽的一刻。事实上，如果能逼真地想象我们的弥留之际，会产生一种再生的感觉，这是塑造自我的重要一步。

(6) 抛开不适宜的朋友。对于那些不支持你实现目标的"朋友"，要敬而远之。你所交往的人会改变你的生活。与愤世嫉俗的人为伍，他们会拉你沉沦；同不求上进的人为伴，他们会使你丧失目标。结交那些希望你快乐和成功的人，你就会在追求快乐和成功的路上迈出最重要的一步。对生活的热情具有感染力，因此，同乐观向上的人为伴能让我们看到更多的人生希望。

(7) 迎接恐惧。世上最秘而不宣的秘密是，战胜恐惧后迎来的是某种安全有益的东西。哪怕克服的是小小的恐惧，也会增强你创造自己生活能力的信心。如果一味想避开恐惧，它们会像疯狗一样对你穷追不舍。此时，最可怕的莫过于双眼一闭，假装它们不存在。

(8) 做好调整计划。实现目标的道路绝不是坦途，它总是呈现出一条波浪线，有起也有落。但你可以安排自己的休整点，事先看看你的时间表，框出你放松、调整、恢复元气的时间。即使你感觉不错，也要做好调整计划，这才是明智之举。在自己的事业波峰时，要给自己安排休整点。安排出一大段时间让自己隐退一下，哪怕离开自己挚爱的工作也要如此。只有这样，在你重新投入工作时才能更富有激情。

(9) 直面困难。每个解决方案都是针对问题的，二者缺一不可。困难对于脑力劳动者来说，不过是一场艰辛的比赛。真正的运动员总是盼望比赛。如果把困难看做是对自己的诅咒，就很难在生活中找到动力。如果学会了把握困难带来的机遇，你自然会动力陡生。

(10) 自我感觉要好。多数人认为，人们一旦达到某个目标，就会感到身心舒畅。但问题是你可能永远达不到目标。把快乐建立在还不曾拥有的事情上，无异于剥夺自己创造快乐的权利。记住，快乐是天赋的权利。首先就要有良好的感觉，让它使自己在职业生涯的整个旅途中充满快乐，而不要再等到成功的最后一刻才去感受属于自己的欢乐。

(11) 加强排练。先“排演”一场比你要面对的挑战还要复杂的战斗，如果手上有棘手活而自己又犹豫不决，不妨挑件更难的事先做。生活挑战你的事情，你一定可以用来挑战自己。这样，你就可以自己开辟一条成功之路。成功的真谛是：对自己越苛刻，生活对你越宽容；对自己越宽容，生活对你越苛刻。

(12) 立足现在。锻炼自己即刻行动的能力，充分利用对现时的认知力。不要沉浸在过去，也不要沉溺于未来，要着眼于今天。当然，要有筹划和制定目标的时间。不过，当这一切就绪后，一定要学会脚踏实地、注重眼前的行动。要把整个生命凝聚在当下。

(13) 敢于竞争。竞争给了我们宝贵的经验，无论你多么出色，总会“人外有人”。所以，你需要学会谦虚，努力胜过别人，能使自己更深地认识自己；努力胜过别人，便在生活中加入竞争“游戏”。不管在哪里，都要参与竞争，而且总要满怀快乐。要明白最终超越别人远没有超越自己更重要。

(14) 内省。大多数人通过别人对自己的印象和看法来看自己，获得别人对自己的反映很不错，尤其正面反馈。但是，仅凭别人的一面之词，把自己的个人形象建立在别人身上，就会面临严重束缚自己的危险。因此，只把这些溢美之词当做生活中的点缀。人生的棋局该由自己来摆，不要从别人身上找寻自己，应该经常自省并塑造自我。

(15) 走向危机。危机能激发我们竭尽全力，无视这种现象，我们往往会愚蠢地追求舒适的生活，努力设计各种越来越轻松的生活方式，使自己生活得风平浪静。当然，我们不必坐等危机或悲剧的到来，从内心挑战自我是生命力量的源泉。圣女贞德（Joan of Arc）说过：“所有战斗的胜负首先在自我的心里见分晓。”

(16) 精工细笔。创造自我，如绘巨幅画一样，不要怕精工细笔。如果把自己当做一幅正在描绘中的杰作，你就会乐于从细微处做改变。一件小事做得与众不同，也会令你兴奋不已。总之，无论你有多么小的变化，于你都很重要。

(17) 敢于犯错误。有时候我们不做一件事，是因为我们没有把握做好。我们感到自己“状态不佳”或精力不足时，往往会把必须做的事放在一边，或静等灵感的降临。你可不要这样。如果有些事你知道需要做却又提不起劲，尽管去做，不要怕犯错。给自己一点自嘲式幽默，抱一种打趣的心态来对待自己做不好的事情，一旦做了起来就会乐在其中。

(18) 不要害怕拒绝。不要消极接受别人的拒绝，而要积极面对。当你的要求落空时，把这种拒绝当做一个问题来问自己：“自己能不能多一点创意呢?”不要听见“不”字就打退堂鼓，应该让这种拒绝激发你更大的创造力。

(19) 尽量放松。接受挑战后，要尽量放松。在脑电波开始平和你的中枢神经系统时，你可感受到自己的内在动力在不断增加。你很快会知道自己有何收获，自己能做的事，不必祈求上天赐予你勇气，放松可以产生迎接挑战的勇气。

(20) 甘做小事。塑造自我的关键是甘做小事，而且必须即刻就做。塑造自我不能一蹴而就，而是一个循序渐进的过程。只要是对你的职业生涯发展有意义的事，这儿做一点儿，那儿做一点儿，都将使你的一天（也就是你的一生）有滋有味。

大多数人希望自己的生活富有意义，但是生活不属于未来而属于现在。我们越是认为自己将来有充分的时间去做自己想做的事，就越会在这种沉醉中让人生中的许多绝妙机会悄然流逝。只有重视明天，把握今天，自我激励的力量才能源源不断。

4. 行动起来，专注目标

认真制定了各个时期的目标后，能否实现目标关键还在于行动。什么叫行动，行了就要动。如果行了仍不动，就会一事无成。有一个老外，花了几个月时间研究中国的历史、艺术、文化、哲学及中国各省的地图，制订出了详细的旅游日程表，可是迟迟不出行。问他为什么，他说怕坐飞机。没有行动的人只是在做白日梦。

行动中还要专注目标，献身目标。

有一个年轻的朝圣者和一个年老的师傅坐在河边。年轻人告诉老者，为了找到上帝，接受教化，他一直冥思苦想，但一直未能如愿。老师傅看了看他，突然把他的头按到水里。年轻人拼命挣扎，老者松开了手，对他说："如果你对教化的渴望和你刚才对呼吸的渴望一样强，你就差不多得到教化了。"

诚然，这只是一个关于宗教教徒所谓渴求教化的故事。换一个角度，如果我们对目标的关注如同渴望呼吸一样，相信成功离每个人都不远了。

5. 定期评估目标进展并庆祝取得的成就

定期评估进展，跟行动同等重要。随着你计划的进展，你有时会发现你的短期目标并未向长期目标靠拢。你可能发现你当初的目标不怎么现实；或者会觉得你的长期目标并不符合你的理想及人生的最终目标。无论是何种情况，你需要及时做出调整。

同时，要抽点时间庆祝已取得的成就。我们要相信奖励制度，当取得预期的成就时，要及时奖励自己。小成就小奖，大成就大奖。例如，如果我要连续干十几个小时才能完成某项工作，我会对自己说，做完了就休息，吃点好东西，或看场球赛。当我们取得一项重大成就时，要把庆祝活动搞得有声有色，终生难忘。

思考题

1. 你是怎样理解目标的？你确定过哪些目标？
2. 你在目标管理中的教训有哪些？

第二讲　管理好你的自信心

——做一个有志气的人

名人名言

● 实现目标的唯一障碍就是今天的怀疑，让我们以积极的自信心坚定地向前迈进。

——[美] 政治家 富兰克林·D.罗斯福

● 一个人想成为什么，他就会成为什么。

——[法] 哲学家 萨特

● 多数成功者相信自己的价值，健康的自信心是通往巨大成就和幸福的大道，或许这比其他品质更重要。

——[美] 心理学家 丹尼斯·威特利

● 如果我们有自信心，一切方法都可以找到。

——[德] 哲学家 德里希·尼采

所谓自信，就是充分地相信自己的能力、才能和潜力。如果你自己都不相信自己，怎么能让别人相信你。成功学专家指出："成功=想法+信心。"法国哲学大师萨特指出："一个人想成为什么，他就会成为什么。"如果你想赢，就一定会达到目的；如果你认为自己会失败，那将一定会失败。成功永远属于有自信心的人。诗人指出："生活因为热爱而丰富多彩，生命因自信而光芒四射。"一个有自信心的人，一定是一个有志气的人。

案例 2-1　小木桥下的恐惧

一位心理学家想知道人的心态对自信心到底会有什么影响，于是做了一个实验。首先，他让七个人穿过一间黑暗的房子，在他的引导下，这七个人都成功地穿了过去。然后，心理学家打开房内的一盏灯。在昏黄的灯光下，这些人看清了房子内的一切，都惊出了一身冷汗。这间房子的地面是一个大水池，水池里有几条大鳄鱼，水池上方搭着一座窄窄的小木桥，刚才他们就是从这条小木桥上走过来的。

心理学家问："现在，你们当中还有谁愿意再次穿过这间房子呢?"没有人回答。过了很久，有三个胆大的站了出来。其中一个小心翼翼地走了过去，速度比第一次慢了许多；另一个颤巍巍地踏上小木桥，走到一半时，竟趴在小桥上爬了过去；第三个刚走几步就趴下了，再也不敢向前移动半步。心理学家又打开房内的另外九盏灯，灯光把房里照得如同白昼。

这时，人们看见小木桥下方装有一张安全网，只是由于网线颜色极浅，他们刚才根本没有看见。"现在，谁愿意通过这座小木桥呢?"心理学家问道。这次又有五个人站了出来表示愿意。"你们为何不愿意呢？”心理学家问剩下的两个人。“这张安全网牢固吗？”这两个人异口同声地反问。

这个案例告诉我们，一个人的能力深受自信心的影响，能力发挥到何种程度有极大的弹性；自信心就像能力的催化剂一样，它可以将人的一切潜能都调动起来，将各部分的功能推进到最佳状态。

案例 2-2 一枚铜钱的故事

有一位将军要领兵到前方作战，将军胸有成竹，充满信心，认为此战一定能够胜利。可是他的部下却不乐观，毫无必胜的把握。将军眼见大众士气低落，心想，怎么作战呢？于是有一天，将军集合所有将士，在一座寺庙前面，告诉他们：“各位部将，我们今天就要出征了，究竟打胜仗还是败仗？我们请求神明帮我们作决定。我这里有一枚铜钱，把它丢到地下，如果正面朝上，表示神明指示此战必定胜利；如果反面朝上，就表示这场战争将会失败。”

听了这番话，部将与士兵虔诚祈祷，磕头礼拜，求神明指示。将军将铜钱朝空丢掷，结果，铜钱正面朝上，大家一看非常欢喜振奋，认为神明指示这场战争必定胜利。

后来，部队开到前方，士兵士气高昂，个个都信心十足，奋勇作战，果真打了胜仗。班师回朝后，有部将就对将军说，真感谢神明保佑我们今天打了胜仗。那个将军才据实以告：“不必感谢神明，其实应该感谢这枚铜钱。”他把身边的这枚铜钱掏出来给部将看，才发现原来铜钱的两面都是正面。

（根据吴维库著《情商与影响力》改编，机械工业出版社，2006 年 2 月）

这一个事例也告诉我们：自信心非常重要，所谓自助人助，自助天助。自信心是一个有志者成功的基本素质。千百年来的历史证明，在许多成功者身上，我们都可以看到超凡的自信心所起到的巨大作用。他们在自信心的驱动下，敢于对自己提出更多的要求，并在失败的时候看到希望，最终获得成功。反之，失败的原因并不完全是个人能力不够，而是自信心不足。富兰克林·D.罗斯福说："实现目标的唯一障碍就是今天的怀疑，让我们以积极的自信心坚定地向前迈进。"

一、自信是一种心态和潜力

1. 自信是一种心态

具有自信心的人，其心态主要表现在以下几个方面：

（1）开放，敢于接受挑战，不自我封闭，善于自嘲而大度、轻松、幽默。

（2）活跃，大胆表现自己，敢想、敢说、敢做。

（3）自尊，尊重自己，也尊重别人。

（4）有自己的主见，不看别人眼色行事，看准了的事没必要时时处处赢得别人认可。

（5）诚实，有一说一，有二说二，不掩饰，不护短，虚伪是不自信的表现。

（6）善于沟通，不拒人于千里之外。

（7）不遗余力地追求理想和目标，且持之以恒。

（8）果断行事，能够迅速提出意见和建议。

2. 自信心是一种潜力

自信者善于发现自己身上的潜力，是对自己能力、非能力和潜能力的信任。

所谓能力自信，即指自己能做的事，相信自己一定能做好，充分相信自己的能力，该出手时就出手，不惧困难，不怕人言。

所谓非能力自信，即相信自己确实没能力去做而自觉放弃，坦然处之，不要打肿脸充胖子，也不要为此而自卑。尺有所短，寸有所长。每个人都有自己不能做的事情。一件事的成功，往往需要很多因素。而事实上你只要具备其中做好关键性因素的能力就可能获得成功，而你在非关键因素上的非能力，并不会影响成功。但往往在外界影响下，对非能力的不自信会导致对整个事情的不自信而导致失败。

比如：你应聘到某企业负责某项产品的市场营销工作，你相信自己对市场敏锐的感觉和自己的理论知识，但你缺乏这方面的工作经验。

于是，很多人在你面前或背后说你做不好这件事，一定会失败，因为你没有经验。而当这种议论更多地被你知道后，你可能开始怀疑、畏缩，信心受到打击，而造成失败。但事实上，你一定要具备经验吗？不一定。市场营销最重要的是创新，不能完全靠经验吃饭，当你具备了创新的意识，虽然你没有经验，但你可以去学习经验。如果一个人365天都做同样的事情，他相当于重复了364次，用今天的话来讲："只有制造，没有创造；只有产品，没有品牌；只有知识，没有产权。"但是，如果你用心去学，也许只用一天或一个月的时间就可以学到别人一年的经验，有何惧哉？他山之石，可以攻玉，你在其他方面的经验和知识，或许对你现在的工作有独到的启发。因此，没有必要自卑。

所谓潜能力自信，是指自己的能力在身处逆境的时候会爆发出潜能。有一些事，你可能没有能力做，但你必须做，这样就要求你有潜能力自信，背水一战，死里求生。判断一个人的能力不仅要看他的显性能力，还要看他的潜在能力。许多体育比赛中出现的所谓"黑马"，其实就是潜能力自信的表现。

拿破仑一次外出打猎，忽然听到有人呼救，走近一看，原来有人落水。拿破仑举起猎枪，大声吓唬道："你再不爬上来，我就打死你。"那人听了，忘记自己是在水中，用尽全力向岸上划去，经过多次挣扎后上了岸。他气愤地问拿破仑："你为什么要杀我？""我要不吓唬你，你就不会拼命向岸上爬，那样你就死定了，因为我也不会游泳。"拿破仑笑着说。其实，拿破仑调动了落水者自信的潜能力。

二、自信是成功者的第一信念

1. 成功来自信念

西方领导学家及心理学家在对魅力领导人的研究中发现，把这些领导人与普通人区分开的第一个特征就是自信。《华尔街日报》上一篇研究企业家品质的文章认为，"成功的企业家都有感人至深的自信"。心理学家丹尼斯·威特利在《成功心理》一书中也曾写道："成功者具有实现自我价值的坚定信念。他们的自信表现为不会像其他人一样被失败的心理摧垮。"

自信并不一定是天生的，它可以通过后天的培养而产生。如果你在生活中认真观察，你会发现这种自信是有感染力的。心理学家发现，外向的性格和自信是吸引和保持朋友的重要原因。由于自信，朋友和同事愿意跟随着你，上司也会对你高看一眼，自信的气势让别人相信你能把任何事都变成现实。据说，1960年尼克松和肯尼迪在竞选总统的电视辩论中，忧郁的尼克松没有展示出美国人渴望的总统的自信，而毫无政绩的肯尼迪在最后与尼克松握手的一刻，自信地把尼克松的手压在自己的手掌下，他的这种超级自信满足了美国选民对总统的神话般力量的渴望，结果肯尼迪奇迹般地获胜了。

2. 自信是通往成功幸福的大门

心理学家丹尼斯·威特利认为："多数成功者相信自己的价值，健康的自信是通往巨大成就和幸福的大门，或许这比其他的品质显得更重要。"与自信对应的是自卑。就如一个没有企业的人见到小企业主自卑，一个小企业主见到大企业家自卑，一个大企业家见到更大的企业家自卑，更大的企业家以自己的弱项同别人的强项相比也自卑。一个人不可能在所有方面都独占鳌头，正是"强中更有强中手"。因此，树立自信，首先要从克服自卑入手。

有一个女孩叫珍妮，她一直觉得自己长相很丑，因此对自己缺乏自信心。有一天，她到饰物店买了只绿色蝴蝶结，店主不断地赞美她戴上挺漂亮的。珍妮虽然不相信，但仍很高兴，因为太兴奋，出门时还与人撞了一下。那一天，她得到了许多人的赞美，老师还说："你昂起头来真美。"她想一定是蝴蝶结的功劳。可往镜子里一看，头上根本没有蝴蝶结，可能在出门时被人碰丢了。自信本来就是一种美丽，而很多人因太在意外表而失去了很多快乐。

心理学家为了改变丑女孩的心理状态，让大家每天都对丑女孩说"你真漂亮"、"你真能干"、"今天表现不错"等赞扬性的话语。经过一段时间后，人们惊奇地发现，丑女孩真的变漂亮了。

其实，她们的长相并没有变，而是精神状态发生了变化。她们变得爱打扮，做事积极，爱表现自己了。怎么会发生这么大的变化？其根源正在于她们有了自信，使大家觉得她们比以前漂亮了许多。

还有一个大象被活活烧死的故事：一个马戏团着火了，工作人员都忙于搬出贵重东西，而对他们所驯养的大象却置之不理，因为他们认为拴住大象的绳子很细，大象自己能挣脱缰绳跑出来。但结果却是大象被活活地烧死了。大象为什么会被烧死呢？其原因不是它挣不断绳子，而是它缺乏自信、不敢去挣。因为它起初被训练时，几次曾试图挣断拴住它的铁链，非但没有成功，反而遭到一顿毒打，所以长大后，它再也不敢去挣脱铁链了，以至于被活活烧死。

珍妮和"大象"的故事告诉我们：不要自卑，要自信。自卑有说不尽的苦恼，自信才有说不完的快乐和幸福。

三、怎样建立你的自信心

建立自信心，要相信自己的价值；要用激情做事；要大胆地表现自己的个性；要不言放弃；要认真敬业；要多加赞美。

1. 自信需要相信自己的价值

一位著名的演说家演示一个案例：他拿出一张 20 美元的钞票，问在座的 200 多人："谁想要这张美元?"很多人举手。他接着说："我在送给你们其中一位之前，请允许我先做一件事。"于是，他将钞票揉成一团，然后问："谁还要?"仍有人举起手来。接着，他将钞票扔在地上，用脚使劲地踩碾，使钞票变得又脏又破。"现在谁还要?"还是有人举起手来。此时演说家切入主题：

"朋友们，你们已经上了一堂很有意义的课。无论我如何对待这张钞票，你们还是想要它，因为它并没有贬值。人生路上，我们会无数次地碰到逆境、欺凌甚至被碾得粉身碎骨，有时会觉得自己似乎一文不值。但无论发生什么，或将要发生什么，在上帝的眼中，你们永远不会丧失价值。在他看来，肮脏或洁净、衣着齐整或不齐整，你们都是无价之宝，生命的价值永存。"

2. 自信需要燃烧激情

自信来源于激情。离开了对生命、对生活、对工作学习、对自己周围一切的热爱，人便没有了激情，更谈不上自信。培养工作热情，需要一种轻松的心情，如果压力太大，干扰太多，情绪就会受到影响，从而影响热情的激发。

综观工作热情衰减的原因，大致有以下三个方面。一是工作只是为了完成任务，认识不到工作的真正目的，自然就少了一分激情，多了一分懈怠。二是工作能力与工作难度差距过大。如果工作简单，没有挑战性，激发不起热情；工作太难，能力不够，也容易使人自信心受打击，丧失工作热情，为此，选择与自己能力匹配的，或有兴趣的工作十分重要。三是懈怠的工作态度。即使是比较感兴趣的工作，如果态度消极、懈怠也会失去热情。有些人没有热情，就像湿木头生火，总是点不燃，自然就不会有成就。

3. 自信需要张扬自己的个性

有位诗人赞扬他的朋友说："尽管你的天空不是最亮最大，但它是属于你自己的；你也许不是最优秀的，但却是很独特的。"自信者，很大程度上要善于张扬自己的爱好和个性。俄国作家契诃夫讲："有大狗，也有小狗。小狗不要因为大狗的存在而心慌意乱。所有的狗都应该叫，就让它们用自信的声音去叫好了。"许多的成功归根到底就是一句话："坚持走自己的路就会成功。"

4. 自信需要鼓足勇气

20多年前，美国有一个著名的推销员千方百计把一台微型录音机卖给了尼克松总统而获得布鲁毛斯学会的金靴奖。26年后，美国另一名推销员乔治·赫伯特把一把斧子卖给了小布什总统，也得了金靴奖。乔治·赫伯特是怎样向小布什推销的呢？他几次试图接近小布什总统，但总没有机会，很多人要他放弃。一天，他鼓足勇气给小布什总统写了封信，信中说："总统先生，我很荣幸参观了您家的植物园，那个植物园真是别具匠心，是一个非常好的去处。遗憾的是，一些桑菊树已经枯死了，这真是大煞风景。我知道您特别需要一把斧子把它们砍掉。不过现在市场出售的斧子不是太大就是太小，不是太锋利就是太钝。我家有一把老斧头，是爷爷留给我的，特别适合砍掉那样的桑菊树。如果您喜欢，我就15美元把它卖给您。"布什回信了，并寄来15美元现金，这样又造就了一个伟大的推销员。

5. 自信需要赞美

著名作家马克·吐温说："一句美妙的赞语可以使我多活两个月，一句赞美的话能当我十天的口粮。"

美国前总统林肯说："当人们被奉承的时候，就会忍受好多事情。"

赞美如心理空气，没有空气，人类无法生存；赞美如同温暖的阳光，缺少阳光，花儿就无法开放。

赞美包括以下内容：认可，认同，发现长处，表扬，欣赏。

送一点赞美给失意者，会让他心生“我辈岂是蓬蒿人”的自豪感，从而重整旗鼓，奋发图强；

送一点赞美给畏缩怯懦者，会让他勇气倍增，信心十足，成为开拓未来的勇士；

送一点赞美给踌躇满志者，会让他继续向前，永不停滞；

送一点赞美给孩子，会让他对未来充满憧憬；

送一点赞美给老人，会抹去老人“夕阳无限好，只是近黄昏”的惆怅，取而代之的是“桑榆未晚霞满天”的豪情；

送一点赞美给陌生人，纵使萍水相逢也能成故知；

送一点赞美给周围认识或不认识的人，说出你的感谢和你的敬佩。

你的赞美使人更加自信、果敢。

6. 自信需要行动

有人常讲，我很自信。自信不是一种表达，而是一种行动，如何行动？

首先，自信者没有借口。近几年国内流行一本介绍美国西点军校的书，叫做《没有任何借口》。新学员入校之后，长官告诉他们，回答上级问话只有四种选择，不要节外生枝，这四句话是：①是。②不是。③没有任何借口。④不知道。除此之外不能多说一个字。比如军官问：“你的皮鞋这样就算擦亮了吗？”你的第一个反应肯定是为自己辩解：“报告长官，刚才上课时不小心有人踩了我。”但是不行，所有的辩解都不能作为回答，你只能从四个标准答案中选择作答，所以，你只能回答：“报告长官，不是。”军官要问为什么，最后你只能回答：“报告长官，没有任何借口。”学校认为，这样的规定是要让入校新生意识到任何时候只有行动才是最重要的。因此，任何时候都要学会忍受不公平，只有坚持这种信念才能激发自己的潜能，真正实现说到做到。

其次，行动需要果断决策。管理学中有一个“布里丹选择”的例子：沙漠中一只小驴十分饥饿，它幸运地同时发现了相距较远的两片草地A和B。它跑向A草地时，回头看了看B草地，发现B草地比A草地更茂密，于是它回头向B草地跑去。当它离B草地近时，回头看了一下A草地，发现A草地比B草地茂密，它又回头向A草地跑去，它决心要吃到最好的草。几个来回以后，当它处于两片草地中间的时候，消耗完了自己的能量，再也跑不动了。

许多机会往往在犹豫中丧失，敢于决策比善于决策重要，敢于行动比敢于决策重要。

下面有几道题，可以测验一下你的自信心。

（1）生理上的耐性——你是否可以长时间地工作，而不会精疲力竭？对于不规则的工作和睡眠时间，你是否能够适应？

（2）责任——你对于掌握各种情况，是否有灵敏的反应？居于领导岗位，需要解决各种各样的困难，是否能使你获得很大的满足？

（3）高度的学习能力——你是否能够很快地捕捉一些新的构思？

（4）承诺——当开始实行一个计划时，你是否能够毫不厌倦地完成？

（5）灵感——你能够很快地做出决定吗？

（6）权力的分派——你能够很快地看出别人的潜在能力，而且有足够的信心派给他们适当的工作，发挥他们的潜在能力吗？

（7）冒险——你有很强烈的信心去冒险，并且知道如何去迎接挑战并控制它们吗？

思考题

1. 说一说你对自信心的不同理解。

2. 想一想成功与自信的关系，试举例。

第三讲　管理好你的职场形象

——做一个有魅力的人

名人名言

- 这是一个两分钟的世界，你只有一分钟展示给人们你是谁，另一分钟让他们喜欢你。

——[英] 形象设计师 罗伯特·庞德

- 人的形象是这样分配的：55%取决于你的外表，包括服装、个人面貌、体形、发色等；38%取决于自我表现，包括语气、语调、手势、站姿、动作等；只有7%是你讲话的内容。

——[美] 心理学家 奥伯特·麦拉比安

- 形象魅力的实质是让别人知道你正在献身于一种思想或目标。

——[美] 企业家 罗杰·艾尔斯

形象是什么，在一般人看来，似乎只能意会，不可言传。其实，形象是由外在形象和内在形象组合而成的。形象的内容宽广而丰富，它包括你的穿着、言行、举止、修养、生活方式、知识层次、家庭出身、你住在哪里、开什么车、和什么人交朋友等。它清楚地为你下着定义，无声而准确地在讲述你的故事：你是谁，你的社会位置，你如何生活，你是否有发展前途等。

案例 3-1 “看起来不像个领袖”

2002 年 9 月，英国反对党领袖伊恩·邓肯·史密斯参加首相竞选时接受 BBC 电视台记者采访，只见他面色茫然，毫无生机，以有气无力的、贫乏的语调攻击了托尼·布莱尔及其政党的政策。记者问道：“你认为自己能出任下一届首相吗?”他犹豫了一下，目光下垂，语气不坚定地说：“是的，我可以，但我需要努力争取。”几分钟之后，电视台出现不满意的观众的电子邮件及电话录音：“他自己都不相信自己能成为首相，让我们如何相信他可以做我们的首相?”“他看起来根本就不像个英国首相!”“难道反对党再找不到别人做领导者吗?”

再看看工党领袖、英俊的托尼·布莱尔，他总是满面春风，走路和说话浑身都散发着朝气和热情，他看起来就能够鼓舞他人，看起来就像个出色的领袖。虽然很多英国选民不支持工党的政策，但看在领袖的外在魅力上还是投给了托尼·布莱尔一票。由于竞选人“看起来不像个领袖”，让反对党失去了驻守唐宁街的机会。

“看起来不像个领袖”的反义语是“看起来像个领袖”。在西方政治家竞选策划活动中，其中就有形象设计大师为竞选人提供形象设计，使人看起来就像是个能够胜任领袖职位的人。如果看起来不像个领袖，无论你的政治观点多么深入人心，也会失去很多追求“魅力领导人”的选民。现实生活中有许多优秀人才长年在一个位置上停滞不前，是他们不再努力，还是缺乏才智？都不是，而是他们没有充分展示他们在领导心目中的良好形象和潜力。他们平淡的形象往往使人对其产生成见：“他只能这样了，不适合更高的位置。”因此有专家指出：“优秀的形象比研究生学位更重要。”

案例 3–2　第一印象

查理·许在加拿大某移民律师行工作。1998 年，查理被委派回国寻找合作伙伴。经人介绍，他与中国某部下属的赵总首次相会。查理被引进赵总的办公室，看见一个中年男人坐在办公桌后打电话。他穿着一套人造纤维的格子西服，一条花亮的领带露在 V 形口的毛衣外面，鼻子里的黑毛像茂盛的亚热带草丛，他在电话中大声训斥着对方，然后，毫不客气地猛然摔下电话。

“噢！上帝啊，这就是公司的老总？”查理心中不免非常失望。赵总与查理象征性地握了握手。“冷酷的、拒人千里之外的死鱼式的握手”，查理心中的失望又增加了一分。赵总邀请查理共进午餐，在座的还有查理的那位身材略胖的同事。就餐时话题无意间进入饮食与肥胖的关系，赵总旁若无人地指责胖人没有节制的饮食。查理的胖同事低头不语，敏感的查理举杯转移话题：“好酒，中国的红酒比加拿大的冰酒还有味道。”赵总喝完了酒，再度拾起关于肥胖的话题，强烈地攻击胖人之所以胖是由于懒惰。

最终，他们之间没有结成商业同盟。查理谈到这段经历时说：“他留给我一个永不磨灭的恶劣印象。从我进门的瞬间开始，他那张冷酷的脸和那双死鱼般的手，一直在告诉我这是一个冷酷的、没有修养的人。他在餐桌上的表现，更进一步证实了我对他的第一印象。他不但没有修养，简直是没有教养，不懂得一点点为人的基本礼貌。我无法想象与这种人合作经营会有什么样的后果！”

这个案例给人的启示是要注意第一印象的重要性。美国勃依斯公司总裁海罗德说："大部分人没有时间去了解你，所以他们对你的第一印象是非常重要的。只有你给人的第一印象好，你才有可能开始第二步，如要你留下一个不良的第一印象，在很多情况下，我们会相信第一印象基本上准确无误。"

（根据［加拿大］英格丽·张著《你的形象价值百万》改编，中国青年出版社，2006年5月）

一、形象是你献身的一种思想和目标

1. 形象的含义

形象的实质是让别人知道你正在献身于一种思想或目标。一个成功的形象，展示给人们的是自信、尊严、力量、能力，它不仅仅反映在别人的视觉效果中，同时它也是一种外在辅助工具，它让你对自己的言行有更高的要求，能立刻唤起你内在沉积的优良素质，你的穿着、微笑、目光接触、握手，一举一动都让你浑身散发着一个成功者的魅力。

形象设计的目的不是为了追求外在的美，而是为了辅助事业的发展，展示给人们你的力量和成功的潜力。在今天这个飞速发展的高科技时代，我们有机会通过电视等媒体接触世界，公众形象变得比任何时候都重要！注意力经济学家告诉我们：谁不能引起别人的注目，谁就会在竞争中失败。

有人曾说，老总的形象是品牌，员工的形象是广告牌。如果你是一个公司的老总，你的外表就是公司最好不过的说明书了。如果你看起来不像一个企业老总，就不要为你的公司为什么不能够出类拔萃而困惑，就不要责备顾客不信任你的产品。因为你的外表在告诉别人："我的公司不追求卓越，我不追求品位，就像我不在乎自己的形象一样。"

同时，你的职员的形象也是公司的广告牌。现代社会的发展，任何公司的产品和文化都在逐步地人格化。不能够展示出高度职业化的形象，就等于向客户宣告："我们不能满足你们的要求。我们没有高度的职业素质，我们不在乎你们的满意度，我们的产品和服务都不可靠，你们可以付低价。”糟糕的职员形象会严重地损害、破坏公司的形象。

如果总裁和职工拥有杰出的形象，客户情愿为这些优秀的职员形象付出更高的价格！如果企业领导不能够提高自己及其职员的外表形象和职业素质，就不能创造有利于企业发展的文化，职员就不会提高自身职业化的形象，也不会把企业寻求卓越的精神传递给客户，因为，职员不理解客户是如何敏锐地通过观察他们的外表来理解、判断企业的文化和可信度的信息的。

在西方，很多国际知名的公司早就不再用广告中的美女和俊男来表现公司的形象、寻求公众的信任了，他们理解到，个人（职员）的形象就是集体（公司）的形象。许多公司把形象作为一个职员的基本素质，因为他们知道职员的形象不仅通过他们的外表，而且还通过沟通行为、职业礼仪等留给客户一种印象，这种印象反映了公司的信誉、产品及服务的质量，公司管理者的素质、层次等，通过对公司职员形象的判断，客户可以判断公司的服务、信誉，职员的形象直接影响着公司的信誉。

2. 形象分类

形象在某种程度上代表了一个人独一无二的性格特征，它由特殊智力、体力和情感因素融合而成。由于人们性格各异，形象也各不相同。一般来说，不同的人往往展示不同的公众形象。

一是活泼型性格形象：简称S性格，这种性格的人开始积极性很高，通常工作较为努力，口才很好但不会事前三思，喜欢创新变革但也喜欢标新立异，希望开拓但往往力不能及，生活有条理但很难守时，适应能力强但情绪易受外界影响而起落，能团结人但喜欢把别人的尴尬当趣事，善解人意但同时也会种下祸根。

二是完美型性格形象：简称M性格，这种性格的人反应灵敏但一般多疑，追求和谐但天生悲观，善于思考但容易忧郁，较为坦诚但渴求奉迎，惯于安静而缺乏活力，注意整洁但往往过度成癖。

三是力量型性格形象：简称C性格，这种性格的人是天生的指挥家但容易专断，喜欢交际但不择人选，不想伤人却又往往伤人，注重尊严但有时又死要面子，看重责任但不喜欢麻烦，口头慈悲却多为自己，胸怀大度但必须先扬后抑。

四是和平型性格形象：简称P性格，这种性格的人有动力但要别人赋予，做事有目标但行动缓慢，较为稳重但缺乏热情，做事认真但有时过度，喜欢决定但所做决定都较为简单，容易安于现状。

3. 形象法则

美国学者劳伦斯·D.阿克曼在《形象决定命运》一书（王楠崇译，中信出版社出版）中，总结了形象的八条法则，虽然它是以研究企业形象和品牌管理为背景的，但对我们认识形象的本质和进行个人形象管理同样具有参考价值。

第一是生存法则。任何一个企业都包含有一个或一个以上的人，企业凭借自己的能力活着，展现着自己天生的体力、智力和情感特征，这些特征源于那些自始至终组成企业的人，但又超越了那些人本身。体现的是："我活着。"

第二是个性法则。一个企业的人格特征始终融合在一个清晰可辨的形象里，正是这个形象使得这个企业与众不同。体现的是："我唯一。"

第三是持久法则。形象是固定的，它可以超越时间和地域的界限，但形象的表现形式是不断改变的。体现的是："我永恒，在我成长壮大的过程中始终如此。"

第四是意愿法则。每一个企业都受到与其形象一致的价值创造需要的制约。体现的是："要真正地活着，我必须完全地表达自己。"

第五是可能性法则。形象预示着潜力。体现的是："为此，我要让别人更多地了解我。"

第六是关系法则。企业之间存在着固有的关系，关系的参与各方的形象之间在本质上有一致性，它决定了这些关系的稳定性。体现的是："要做到这些，我需要他人的帮助，而且只有在他们也同样需要我的时候，我所做的一切才最富有成果。"

第七是理解法则。企业人性特征的价值只等于人们认识到的企业的整体价值。体现的是："要建立这些关系，我必须首先认清我是谁。"

第八是循环法则。形象控制价值，价值产生财富，财富推动形象。体现的是："我将得到与我的付出相一致的东西。"

不管是什么人，都需要有一个"形象"。因为人是社会动物，在认识别人、识别世事、进行积极有效的交往时首先依据的都是"形象"标识。

在现代社会，几乎所有人都有自己出众与出色的地方，只是看是否被人重视，被人发现而已。所以，形象在这里显得尤为重要。好的形象能够增加你“露脸”的机会，只有有了“露脸”的机会，才有精彩表现的可能，也才能创造自己的前途和未来。

二、人生职场四种形象

1. 人生职场四种形象

有人讲：“一千个人眼中就有一千个哈姆雷特。”抛开个别差异性，我们可以把职场人员，尤其是中高级管理者，归纳为四种形象：

（1）具有高度权威性的领导者形象。领导者的形象主要表现在三个方面。

①领导者要有清醒的头脑，合理的思考模式，在纷繁复杂的动态活动中能抓住问题的本质，洞晓问题的症结所在。作为领导者，必须有比一般员工强的能力，要能深入地思考，更细致地观察，要能描绘出企业未来的发展蓝图。

②领导者要有高超的组织能力。领导者对本单位的各类活动要了如指掌；对于重大活动、改革以及突发事件，要英明果断，及时分授职权，善于任命各级各部门人员，并使大家心悦诚服。另外，领导者还要善于调动每一个员工的积极性，使他们全心全意地投入工作；要协调组织内部和外部的人际关系，保证和谐有序的工作氛围；为部下提供各种有利的工作条件，及时检查并弥补不足，提高员工的工作效率。

③领导者要有对外界的敏捷反应。根据各种发展变化，调整原有的工作方针，时刻以一个创新者的面目出现，而不能墨守成规，只有如此，才能适应外界的需求，趋利避害，站稳脚跟。

（2）具有公立意识的管理者形象。管理者的使命重在组织、协调、实施，必须具有“大管家”应具备的素质，素质决定形象。美国普林斯顿大学对管理者提出了10项标准，每项标准都能反映出一位管理者应有的形象。

①品德超人：良好的品德为社会和公司员工所敬仰，这是素质的基石。

②尊重他人：重视采纳别人意见，不专断独裁。

③敢担风险：出了问题不怯懦，有果敢精神。

④敢于求新：对新事物、新环境、新观念比较敏感，绝对不能落伍于时代。

⑤善于应变：权宜通达，机动灵活，不抱残守缺，不墨守成规。

⑥勇于负责：对上下级、顾客、社会抱有高度的责任感，不能自私自利。

⑦精于授权：能揽住大权，也能使小权分散；能抓住大事，而把小事分给部属。

⑧组织能力：能发挥员工的才能，善于组织人力、物力、财力、使资源得以合理化配置。

⑨决策才能：依据事实的准确性进行决策，不主观臆断，而要具有高瞻远瞩的能力。

⑩合作精神：愿与他人一起工作，对员工不是压服，而是说服。

（3）具有进取精神的开拓者形象。开拓进取与因循守旧是两种完全不同的形象。开拓的形象是勇于创新，敢为天下先。

有这样一个故事：有位年轻人，平时勤劳节俭，邻居们有口皆碑。一天，他发疯般地取出自己的全部存款，在汽车展览会上买回一辆价格不菲的新车，打开部件，拆开零件，重新装上；再打开，再拆开，再装上；又打开，又拆开，又装上，如此循环往复了许多天。邻居们都认为这个小伙子疯了，而“发疯的小伙子”对此置若罔闻，因为只有他明白自己要做什么——他要造汽车。他就是后来的“汽车大王”克莱斯勒。

美国波音公司创始人兼首任董事长威廉说：“在我们的观念里，没什么是荒诞不经的，也没什么是不能做到的。我们的工作就是不断地研究与实验，并且尽快把实验出来的结果做成成品。尽管飞行物主飞行装备已经得到了改良，我们仍要保持一颗不断创新的心。”

美国以经营推广“麦当劳”快餐店闻名世界的企业家雷·克罗克说：“我从来不认为梦想是浪费精力，反而我觉得梦想总是和实际生活有联系的。”

迪斯尼乐园创始人沃尔特·迪斯尼说：“以前我们兴旺发达，那是因为我们敢于冒险尝试新事物。我们的公司不能停止不前，我要制造出新的东西来。”

美国 CA 公司董事长王嘉廉说："如果你想造就非常成功的公司，就必须有全新的思维。这个世界变化太大，我们需要张开双臂，全身心地投入这一时代，学会用不同的方式思考问题，在这个充满变革的时代里，我们要加快速度前进。"

这么多名言警句加上他们的努力，也造就了他们名人的形象。

(4) 具有偶像性的社会活动家形象。美国洛克菲勒财团的创始人洛克菲勒以奸诈著称，赚钱和兼并不择手段，在同时代的美国人看来，简直是恶魔的化身。他在取得垄断地位后，找到著名宣传家艾维·里为他美化形象，以改变他在人们心目中的形象。

艾维·里一方面暗示得过洛克菲勒好处的人在报纸上发表致谢声明，另一方面则发表一些专题报道，描述这位慈祥的大富翁如何虔诚，如何做礼拜，如何与邻居"和平共处"等。

渐渐地，公众改变了对洛克菲勒的看法。他不再是恶魔，而是一个慷慨解囊、资助医学事业发展的老人，他与世无争，爱打高尔夫球，常坐在宽阔的草坪上与孩子们玩耍。不久后，洛氏在人们眼中竟成了道德高尚、理财有道、对子孙负责的虔诚基督教徒。

当然，我们无意要求富翁"花钱买形象"，而是让大家明白：必须参与社交活动，展示自己的风采，这样，才能在竞争中胜对手一筹，树立良好的社会活动家形象。

2. 职场形象评判标准

透过以上几种不同形象的表现，我们可以从中抽出一些带共性的评判标准，即社会规范。公众形象评判标准大致可以分为道德、文明、习俗及审美四个方面。

(1) 道德标准。人们评论某人常说"有良心"、"没良心"、"讲道德"、"不讲道德"，其实评价的就是此人的道德水准。领导者在很多方面，特别是在道德这种备受关注的层面上，如果水准低，就不能服众，这样又怎能得到支持和扶助？不但不能"得道多助"，反而"失道寡助"，如果道德失范，过去的努力、今日的地位、未来的前景都可能因为"不讲道德"、"道德败坏"而化为泡影。

除一般意义上的道德标准外，每个人还要有与其职位相称的特殊道德，即职业道德。当今社会，职业道德已受到越来越多的关注，对它的呼声和要求也越来越高，直接影响一个人职业操守形象。

（2）文明标准。文明是社会发展的标志，是时代进步的象征。一个人的文明标志主要体现在价值尺度和行为取向上。如时间观念，现代人生活节奏加快，人们十分重视时间的作用，“时间就是生命”、“时间就是金钱”已成为人们的口头禅。又如语言文明，出口成“脏”，不仅毁坏个人形象，而且影响人际关系。

（3）习俗标准。不同的国家、不同的民族、不同的文化传统、不同的地域环境，所赋予风俗习惯的含义也不同。结合中国的习俗特征，首先要注重内在美，其次讲究外在美，两者协调统一，才能给人以美的享受。古人云：“清水出芙蓉，天然去雕饰。”并非说“雕饰”不重要，而是说它不能和“清水出芙蓉”相抵触。每一个人在行为处事中要注意尊重习俗，并在习俗允许的范围内，成为真正的清水芙蓉，否则违背习俗，脱离大众，就会给人造成格格不入的形象。

（4）审美标准。审美标准包括很多内容，一般还需要遵循如下相关原则。

①标准原则。假如你是领导，你就必须比别人做得更好。

②可靠性原则。“言必信、行必果”，不能虎头蛇尾。你要对自己的言行负责。

③多样性原则。做一个兴趣爱好广泛的人，扮演好社会、公司、家庭所赋予你的多重角色。

④灵活性原则。“穷则变，变则通，通则久”，“到不同的山唱不同的歌”，“见不同的人说不同的话”。在不同的场合，要有敏锐的洞察力，不要呆板，以免给人死气沉沉的感觉。

⑤稳定性原则。“不穷则不宜变”，但绝非墨守成规。要知道，形象的树立不是一朝一夕的工夫，不能急功近利，更不能朝秦暮楚，要在绝对的运动中，寻找相对的稳定。

三、怎样塑造好你的形象

1. 重视第一印象

英国形象设计师罗伯特·庞德指出：“这是一个两分钟的世界，你只有一分钟展示给人们你是谁，另一分钟让他们喜欢你。”心理学家研究发现，人们的第一印象形成是非常短暂的，有人认为是见面的前40

秒，有人甚至认为是前两秒，在一眨眼的工夫，人们就已经对你盖棺定论了。有时这几秒钟就会决定一个人的命运。因为在生活节奏紧张的现代化社会，很少有人会愿意花更多的时间去深入了解一个留给他第一印象不好的人。毫不夸张地说，第一印象就是效率，就是经济效益。第一印象的好与坏几乎可以决定人们是否能够继续交往。对于寻求商机的人，一个糟糕的第一印象，会失去潜在的合作机会，这种案例数不胜数。你必须花费更多的时间才能够抹去糟糕的第一印象。

第一印象的建立如同在一张白纸上用墨水笔写字，写下了就难以再抹去。不管人们愿意与否，第一印象总会在以后的决策时，在人的感觉和理性的分析中起着主导作用。

糟糕的第一印象能够让千辛万苦的努力化为泡影。投资商李先生与潜在的项目合伙人包先生在北京相见。李先生在与包先生见面20分钟后，就作出了不给包先生投资的决定。李先生这样形容包先生："他的外表让人一看就知道他没有他所吹嘘的那种商业经验，首次见面连西装都不穿，他无法让我相信这个项目的前景会有多么宏伟。"而包先生对李先生却是另一种评价："他一看就是个精明的、有城府的成功商人，他没说几句话，就明白了我的项目的全部内容。"遗憾的是，至今包先生还在为自己的项目寻找投资人。

尽管我们经常讲，不要看书看皮，不要看文章看题，不要以貌取人，但是不可否认，全世界人人都在这么做，包括我们自己。别人在根据我们的外表和举动判断我们所包含的内容；我们也通过观察别人的外表，包括长相、身材、服装、言语、声调、动作等来判断他们。

我们是如何进行这样的判断呢？美国心理学家奥伯特·麦拉比安发现人的印象形成是这样分配的：55%取决于外表，包括服装、个人面貌、体形、发色等；38%取决于自我表现，包括语气、语调、手势、站姿、动作等；只有7%取决于讲话的内容。

第一印象在人的社交活动中起着太大的作用，但常常被人们忽视，如果你不想丢失任何成功的机会，别忘记第一印象的作用。记住，人们普遍喜欢那些穿着得体，为人热情、友好、宽厚、祥和的人，而厌恶那些穿着破衣烂衫，表现得缺乏修养，尖刻、好战、征服欲望强烈、自私自利的人。

2. 积极地表现自我

积极地表现自我，首先要充分地相信自己。中国有句俗话叫“心想事成”，如果连自己都不相信，那还能相信谁呢？凯瑟琳·赫普博恩来自新英格兰，生性活泼，身材高挑。20世纪30年代，她一心想成为明星，于是孤身一人闯荡好莱坞。在当时，人们总是用姣美恬静和小巧玲珑去评价美丽的明星。所以相比之下，赫普博恩就显得不是美女了。

但是她很自信。赫普博恩后来回忆说，她当时的自我感觉特别好，以至于她第一次向制片人迎上去的时候，就如同给对方献上了“一篮馨香的鲜花”。想想看，这是怎样美妙的形象！

所以说，自信能带来成功，并帮助人们塑造突出的形象，而不是等成功之后才有好形象。

积极地表现自我，还要展现你对人生目标的关注。一个人要想拥有非凡的魅力，塑造良好的个人形象，不仅要踏实做事，还要让人知道你在奉献，对目标很重视和用心，以至于不怕自我牺牲和冒险。为什么每个国家的开国元勋都具有光辉、伟大的形象？因为他们在很多方面都证明他们在奉献，他们把自己的“生命、财富和神圣的荣誉”都托付给了人民为之奋斗的目标。如果你不努力，坚持实现自己的目标，别人就无法知道你在奉献。著名企业咨询顾问罗杰·艾尔斯曾经为很多首席执行官和政治家做过顾问。他说：“形象魅力的实质是让别人知道你正献身于一种思想或目标。”如果你想拥有魅力，那么就应该想办法让别人知道你在奉献。每一个追求上进的人都不会愿意和那些目光短浅、浑浑噩噩、无所事事的人混在一起。

3. 注重个人仪表

所谓仪表，是指人的外表，它包括人的容貌、气质、服饰、神态、姿态等，是一个人精神面貌的外在体现。

一个人的仪表与他的生活情调、思想修养、道德品质和文化程度有关。换言之，一个人的仪表既是一个人的“门面”，又是一个人内心世界和内在修养的显露，所以塑造良好形象就必须注重个人仪表。

第一，要让自己有一个健康的身体。健康的身体使你每天都精神抖擞、活力四射，健康的身体使你青春常驻、美颜不衰，健康的身体使你浑身上下充满了迷人的气息。反之，身体不佳，就给人一种疲劳衰老和无精打采的印象。

可是，在现实生活中，许多人对健康形象不以为然。他们无论是生活、娱乐、休息、学习，都缺乏规律性，常常是心血来潮，忘乎所以，凡事都好走极端。例如，有的人喜欢通宵达旦地下棋、玩牌、跳舞、看电影，平时吃饭、睡眠都缺乏规律性等，给身体健康和仪态形象带来十分不利的影响。

第二，要让自己有一个好的气质。所谓气质，就是一种风度，有的人外貌并不算美，但有独特的气质和风度。时光流逝，外在的容颜会随之衰老，任何的闭月羞花、沉鱼落雁之貌也逃避不了时光的流逝，天赐的美丽毕竟是短暂的，而且，现实中的各种压力和磨难会加快其消逝的速度。只有内在的、本质的、心灵上的因素才是永久的、恒远的，才是不会被时间磨灭的。可以说，它们已经深入你的骨髓，伴你一生。当你花无数的时间和精力在那些如海一般的服装中徘徊、挑选时，当你花几个小时在镜子面前为出行而打扮修饰时，难道就没想过应该在培养自己的内在气质上多花些时间？

气质是一个长期培养、渐渐陶冶的过程，它需要把各种知识和智慧的因素逐步融入本身之中，一点点地增加，一步步地提高，最后产出的结果才是气质。

我们若要评价一个人的气质，就必然要与其内在涵养、文化素养、审美情趣、心理机制等相联系。不同的气质都有其特点，都有其极为吸引人的地方，让你无法排斥和拒绝。

有质朴纯真气质的人，你可以感觉到他们的本色。它因干净清透而显得清澈见底；因为与这种人交往，能够比较轻松自如，不必多加疑虑和设防。他们的质朴无华，并非滞留于外表，而是深植于内心；他们的率直，不是放浪轻率，而是待人处世的真诚。因此，他们给人的印象是可信赖、可亲近的，从而能自然而然地打动人、吸引人。

高雅的气质则更是所有气质中的集大成者。外在的高雅，也许可借助于修饰，或短期的教化训练；但内在的高雅则非日积月累不行。真正气质高雅的人，心理上必是自信、自重的。他们不随波逐流，不迎合浅薄的习俗时尚。他们衣装朴素平常，但言谈颦笑、举手投足之间，都透出脱俗的气质；他们有一种从容自如的端庄感。前外交部长乔冠华的夫人章含之年过八旬，在接受记者访谈时，仍气度不凡，光彩照人。这就是气质修养。

第三，注意讲究恰当的服饰。俗话说“人靠衣裳马靠鞍”，“三分人才七分打扮”。着装水平代表一个人的身份、文化素养、家庭背景，甚至也代表一国、一族的文化。

有一则故事讲：有一个大学生刚到公司做营销工作，不穿公司发给的西服，因为穿惯了休闲服。。

某日敲开一个客户家的门，女主人从门缝里看到这个穿着随意的小伙子不耐烦地说：“你来晚了，他带孩子钓鱼去了，你去河边找他去吧。”原来女主人把这小伙子当成了老公钓鱼的伙伴。不等他开口，门已关上了。

正当他扫兴地走下台阶时，一个女孩子见这个小伙子虽然衣帽不整，但人长得还算帅，便冲他喊道：“哥们儿，能陪我去打会儿网球吗?”

反正业务也吹了，有漂亮女孩陪着打球也还不错，于是他便和女孩打了三局，女孩对他的球技颇为赞赏。谈话中，小伙子告诉女孩自己是某公司的业务员，运气不好，几天都没有说服一个客户。

女孩问小伙子：“你每天都穿着休闲服谈业务吗?”他点点头。女孩背起球拍对他说：“只有在网球场上我才会理你，如果你穿这身衣服跟我谈业务，我也不会理你!”

第二天，小伙子换上了西装，再次敲响客户的门，这次真的成功了，简直不可思议！从此，他开始注重自己的仪容仪表，业务进步很快，一年后当上了部门经理。

作家马克·吐温说：“衣着塑造一个人，不修边幅的人在社会上是没有影响力的。”

翻开历史传记，你会发现，很多著名的军队领袖都很注意自己的穿着。将军们通常是依据他们所描绘的形象来设计自己的制服。

英军的蒙哥马利元帅以戴着特殊的贝雷帽而知名。他通过贝雷帽在自己统率的军队里塑造了领导者的象征。他还做了一件套头衫制服，以此塑造了一个不拘小节的形象，即使在激烈的战争中也是如此。当士兵一看到贝雷帽和套头衫，就会立即明白这人是他们的司令。

美国的巴顿将军也是一个很“注重仪表”的人：总是戴着闪闪发光的钢盔，打着带节的领带，屁股两侧插着两把手枪。这种形象很独特，因此，没有士兵不认识他。

美国前总统艾森豪威尔则定做了一身特殊的军用短夹克。后来，整个美国军队都采用了这种夹克。人们将这种夹克称为“艾森夹克”。

着装的种类、样式、花色千差万别，因场合、季节、个人爱好以及民族特点等不同而异彩纷呈。社交场合的服饰一般可分为礼服和便服。在正式的、隆重的、严肃的场合，多穿深色礼服；在非正式的、较随便的场合穿便服说明你“理解生活”、平易近人。同时要注意服装的清洁、整齐、合体。所谓合体，不单指衣服尺寸和体型相适应，还包括衣服的颜色、线条、样式与人的肤色的统一协调等。

男子的饰物比较少，仅有戒指、领带夹等，而且戒指主要作为信物，装饰作用不大。女子的饰物多一些，有戒指、项链、手镯、耳环、头饰等，应与形体协调，并考虑其与服装风格的统一。女领导者在接待中，一般不宜佩戴过多的饰物，以免给人以不稳重之感，从而降低人们对你的信任。

第四，懂得必备的商务礼仪。如今社会交往越来越多，请客吃饭是常事。谁不想通过短暂的交往来开创商机呢？你觉得什么人对公司贡献大，值得邀请，就该发扬风度，主动出击。公司若有大喜事，如周年纪念、开张、某人得到殊荣、某部门得奖，都需隆重庆祝。在送往迎来中，应特别注意礼节。要面带微笑，不论迎接还是送别，握手要热烈亲切，不可面无表情；客人进门，应起立欢迎，示意客人就座；客人走时，要客气地挽留，但要把握分寸；客人出门，要挥手再见，待背影走出视线后方可轻轻关门。

4. 善于展示你的最佳形象

形象有很多种，每个人的一生之中，都会因为年龄增长和经历增多的原因而自动地改变自己的形象，并且在同一阶段里面，不同的场合、不同的目的也需要不同的形象。展示最佳形象最重要的有两点：一是拓展个人见识；二是练就口才。

拓展个人见识主要是有远见卓识。一个人的远见卓识可以在一定程度上弥补某些方面的不足，就如爱因斯坦、罗斯福、林肯、比尔·盖茨。因为在人们的眼里，他们并不属于那种精神抖擞或彬彬有礼的有魅力之人。但是，他们的聪明才智、远见卓识，大大弥补了他们的缺陷。他们思想观点的力度，他们理性的热情，已经赋予了他们一种不同凡响的吸引力。

没有口才的领导不是合格的领导。讲话前应做充分准备，彻底放松自己。可以借助气功学上的办法：全身放松，眉心舒展，面带微笑，将远处的声音收入耳底……

信心很重要。上台后，不要被黑压压的人群吓倒而语无伦次。请记住，听众也是人，和你一样，不必患得患失。

讲话过程中，注意在听众中寻找和善的面孔，他或许是你坚定的支持者。

在讲话中可以加一些手势，增强说服力，电影《列宁在 1918 年》中有个经典的挥手动作被很多基层干部活学活用，挥手臂是必要的，但不宜过频，否则像鸟儿扑闪翅膀似的，岂不大伤风雅；

在演讲台上要挺拔如松，不能驼背，否则就会显得老态龙钟。

关于声音音色的问题，越悦耳动听越好，这样能感染观众，引起共鸣。

5. 要重视小节

有人总认为要成就大事就要不拘小节，否则就会被小节拖累，其实这种想法是不妥的。

美国形象师戈方克在他的《男人的极度的风格》一书中比喻："你即使穿着 2000 美元一套的阿玛尼西服，穿着 200 美元的意大利皮鞋，但你的鼻毛从鼻孔伸出来，你就最好去穿件沃尔玛的西服！"

英国形象大师玛丽·斯皮莱恩说："如果你不在早上花点时间梳妆，其他人会为此遗憾一天。"作为一个有身份的人必须为自己的外在形象负责，这里重点强调形象的细节问题，而保持外在形象就要注意卫生和整洁。

那些不注意卫生的小节，比你那昂贵的西服更让人难以忘怀，它可以无声地拆毁你优秀形象的基底。形象不仅仅由大节构成，每一个小节都在悄悄地揭露你的现状、成长的历程和家庭背景。

精心打扮自己，保持干净、整齐也是对别人的尊重。你不一定要穿着最昂贵的西服，但花一点时间整理个人卫生，这也是对自己形象应该承担的基本责任，也是至关重要的。

思考题

1. 形象真有那么重要吗？说一说你的体会。
2. 你打算如何改善自我形象？

第四讲 管理好你的人际关系

——做一个有信誉的人

名人名言

● 一个生活在社会之外的人，同他人不发生交往关系的人，不是动物就是神。

——［古希腊］哲学家 亚里士多德

● 人们在事业和生活中的成功，15%靠的是专业知识，85%靠的是人际关系。一个人的成功有时并不在于他有多大的能力，当一张无所不至的人际关系网铺下时，就已经成功了一半。

——［美］演说家 戴尔·卡耐基

● 你期待别人怎么对你，你也要怎么对待别人。你用什么器具量给别人，别人也会用同样的器具量给你。

——《圣经》

● 与智者言依于博，与博者言依于辩，与辩者言依于事，与贵者言依于势，与富者言依于豪，与贫者言依于利，与战者言依于谦，与勇者言依于敢，与愚者言依于锐。

——战国时期军事家 鬼谷子

人是社会的人，要想获得生存和发展，就必须学会为自己创造一个良好的外部人际关系环境。能否得到众人之助，是一个人事业成败的关键一环。从某种意义上说，中国社会是一个人情网络型社会，一个人要想有所成就，就必须对人际关系给予更多的重视，让自己成为一个有信誉的人。

某人才调查中心的研究发现，良好的人际关系在个人成长道路上将起到十分巨大的作用，甚至成为某些名人的“看家法宝”。

案例 4–1　谁说郭靖是个笨人

看过《射雕英雄传》的人都知道郭靖是个令人佩服的英雄，但有人却说他是个笨人。郭靖果真笨吗？请看他交往的 10 多位师傅，哪一个不是侠肝义胆、身怀绝技的高手，如以侠义自称的“江南七怪”、擅长内功心法的马钰道长、武功盖世的洪老帮主、童心未泯的周伯通，还有聪明过人的奇女子蓉儿等。正是这“多元化”的师资组合，站在巨人的肩膀上的“笨”郭靖才成了一代大侠。郭靖虽然脑子反应慢，但他深深懂得，独腿走不了千里路，要真正在江湖上闯出一条路来，必须兼收并蓄，集众家之所长。因此，他用心地、真诚地“学”艺，建立了自己的人际关系网络。人际关系网络使他武功高强，在后来的襄阳保卫战中才能够大显身手。

案例 4–2 邮票通“神”

查尔斯·华特尔就职于纽约市一家大银行，奉命写一篇有关某公司的机密报告。他知道有个人手中有他非常需要的资料，于是，华特尔去见那个人。这个人是一家大工业公司的董事长，当华特尔被迎进董事长的办公室时，一个年轻的女秘书从门边探出头来告诉董事长，说她这几天没有什么邮票给他。“我在为我那 12 岁的儿子集邮票。”董事长对华特尔解释说。

华特尔说明了他的来意，董事长不置可否。言外之意，不想把这些资料给他。回去以后，华特尔忽然想起那个秘书对董事长说的话，同时也想起了自己所在银行的国外部经常收集邮票的事——从来自世界各地的信件上取下来的邮票。

第二天早上，华特尔再去找那位董事长，传话进去，说他有一些邮票要送给董事长的孩子。结果，董事长满脸带着笑意，非常客气。“我的乔治将会喜欢这些。”他一面不停地说着，一面抚摸着那些邮票。“瞧这张！这是一张无价之宝。”他们花了一个多小时谈论邮票，看他儿子的照片。然后又花了一个多小时，把他所知道的和华特尔想要的资料全部告诉了他。

(根据宿春礼编著《非权力影响力的 7 堂课》改编，经济管理出版社，2006 年 1 月)

第一个案例说明，即使像书中所讲的那样，郭靖是个像木头一样的笨人，但他能交往那些有本事的师长、朋友，我看他比谁都聪明，至少他懂得“借脑融智，借鸡生蛋”。

第二个案例告诉我们，查尔斯·华特尔在很短的时间内用几张邮票就巧妙而成功地打造了一条关系网，同时也完美地解决了他的问题，值得称赞。人际关系虽然不能让人有三头六臂，但却可以让人增强能力，扩大影响。管理好自己不能狭隘地理解为只是管好自己一个人，也包括管好自己的人际关系网络。

一、人际关系的功能与准则

1. 人际关系的四大功能

现代心理学和社会学的研究已证实，人际关系具有四大功能：

第一，产生合力。平时，我们常说的“人多力量大”、“团结就是力量”、“人心齐，泰山移”，说的就是这个道理。

在现代社会，分工细化，竞争残酷，单凭一个人的力量是根本无法取得事业上的任何成就的。只有借助众人之力，才有可能创造辉煌。而要获得众人的帮助，上下一心，攻克目标，那就必须学会搞好人际关系。

第二，形成互补。俗话说：“一个篱笆三个桩，一个好汉三个帮。”一个人即使是天才，也不可能样样精通。所以，要完成自己的事业，就必须会善于利用别人的智力、能力和才干。然而，用人并不仅仅是一种雇佣的关系，要最大限度地调动下属的工作积极性，就必须掌握一定的人际技巧。在一个人开拓自己的事业时，总要遇到自己力所不能及的困难，这时，良好的人际关系则会助你一臂之力，为你扫清障碍。

第三，联络感情。人是一种感情动物，必须时刻进行感情上的交流，获得友谊。在迈向成功的道路上，要想坚持到底，仅仅依靠信念的支撑是不够的，还必须有友谊的滋润。良好的人际关系会使你获得一种强大的力量和热情，在成功时得到分享和提醒，在挫折时得到倾诉和鼓励，这必将会有助于你心理的有益平衡，从而有勇气迈向新的征程。

第四，交流信息。在现代社会，如果说时间是金钱，那么信息也是金钱。一条珍贵的信息，可以使人功成名就，腰缠万贯，而信息闭塞也可以使人贻误战机，遗憾终生。广交朋友，善处关系，无疑就是一条十分有效的获取信息的途径。

2. 人际交往的四大准则

一是了解对方的性格。与人交往必须了解对方的性格，一般说来，一个人的性格特点往往能通过自身的言谈举止、表情等流露出来，如那些快言快语、举止简捷、眼神犀利、情绪易冲动的人，往往是性格急躁的人；那些直率热情、活泼好动、反应迅速、喜欢交往的人，往往是性格开朗的人；那些表情、眼神稳定，说话慢条斯理，举止注意分寸的人，往往是性格稳重的人；那些安静、抑郁、不苟言笑、喜欢独处、不善交往的人，往往是性格孤僻的人；那些口出狂言、自吹自擂、好为人师的人，往往是骄傲自负的人；那些懂礼貌、讲信义，实事求是、心平气和、尊重别人的人，往往是谦虚谨慎的人。对于这些不同性格的对话对象，一定要具体分析，区别对待。

我们在与人交往时，对方的兴趣、爱好、长处、弱点、情绪、思想观点等都是需要注意的内容，但性格至关重要。战国时期军事家鬼谷子曾精辟地总结出与各种各样的人相处的办法："与智者言依于博，与博者言依于辩，与辩者言依于事，与贵者言依于势，与富者言依于豪，与贫者言依于利，与战者言依于谦，与勇者言依于敢，与愚者言依于锐。"

因此，与人相交，发展人际关系，一定要对对方的性格加以了解。因人制宜，对症下药，才能与对方迅速建立良好的关系，对方对你的交往能力才会刮目相看，佩服不已。

二是了解对方身份。无论在哪个国度、哪个年代，地位等级观念都是很强的，你说话的语气和方式以及办事的方法要因人而异。如果不明白这一点，对什么人都是一视同仁，则可能会被对方视为无大无小，无尊无贱。尤其是身份、地位比自己高的人，会认为你没有教养，不懂规矩，因而不喜欢听你的话，不愿帮你的忙，或者有意为难你，这样就可能使你办事受到阻碍。聪明人都懂得看对方的身份、地位来交往，这也是个人修养的体现。平常我们所说的"某某人会来事"，很大程度上就体现在"见什么人说什么话"的机智上。这样的人不仅当领导的器重他，做同事的也不讨厌他，自然受欢迎了。

三是了解对方需求。与人交往还要了解对方的需求，因为只有弄清楚对方的需求，自己才能找到合适的应对措施。有的人在与人交往中，只对自己关心的问题感兴趣，而对他人关心的问题一无所知；或者虽有所知却不去关心体谅，结果很好的朋友往往因为一句话、一件事而分道扬镳。有一句名言讲得好："如果成功有任何秘诀的话，那就是了解对方的需要，并且有从他的角度和你的角度来观察事情的才能。"

一个能从别人的角度来看事情，能了解别人心灵活动的人，永远不必为自己的前途担心。

四是了解对方价值体系。共同的价值体系是建立长远关系的基石，如果两人的价值体系完全吻合，那么，他们的亲密关系就能长久地维持下去。如果他们的价值体系一点也不相同，就不会有持续和协调的关系。在这种关系中，必须解决两个问题：第一，找出你和他人价值体系的共同之处，如共同的爱好，打球、下棋、交友等，以便利用这些共同的东西和与你价值体系不同的人建立起关系。第二，尽可能地支持和实现别人价值体系中最重要的东西，无论是商业关系、个人关系，还是家庭关系，这一点都是增强、保持和维护关系的基础。

二、人际关系是你成功的桥梁

古希腊哲学家亚里士多德说："一个生活在社会之外的人，同他人不发生交往关系的人，不是动物就是神。"卡耐基也讲："人们在事业和生活中的成功，15%靠的是专业知识，85%靠的是人际关系。一个人的成功有时并不在于他有多大的能力，当一张无所不至的人际关系网铺下时，就已经成功了一半。"

1. 人际关系广阔是人生最大的财富

财富并不只是用来表示那些有形的资产，因为在人生的这条路上，存在着种种值得拥有、值得保留、有助于人成功的东西，这些东西虽然不能用具体的质量和数量进行衡量和计算，但都可称得上是财富。人际关系便是其中举足轻重、不可替代，而且是可以看得见、摸得着的财富。中国有句俗话："生时靠人带，死时靠人拜。"生活在分工与合作日益密切的当今社会，人们比任何时候都注重人际关系。而人际关系广、关系多的人更受人尊敬，他人也愿意与之交往。

2. 人际关系是成功的桥梁和纽带

人际关系中最需要的是友谊和真诚。大家都有这样的感觉，当我们遇到困难和有心事的时候，首先想到的是朋友，而并非其他人，甚至不是家人。

面对家人，我们仍然是有所顾忌的，担心他们失望，害怕引起他们的恐慌，也害怕造成不安，其实很多的烦恼和压力本身就来源于家庭。然而，朋友既是最持久的、最可信任的，也是最包容和宽大的。

真正的朋友应该无话不说，彼此能袒露内心的希望、梦想、对事物的看法，甚至内心深处的秘密，懂得尊重珍惜，这样的友谊值得为之付出。

人类有时是脆弱和缺乏安全感的，需要别人的赏识，需要别人的尊重和肯定，需要别人给予的支持和鼓励，而这些都是朋友能给予我们的帮助。朋友有一颗最能包容的心，能让你放心大胆地说出心灵深处的自己，能让你直接表现出最真实的自己，卸下所有的伪装和面具，能让你感受到极大的安慰。

你的一切，包括所有的优点与缺点，所有的崇高与卑劣，全都在朋友心里，也全都被包容下来，不会受到任何讥讽和嘲笑。朋友会微笑着听你的抱怨，会善意地听你的忏悔，会客观而包容地指出你的缺点，帮助你完善自我。无论你处在何种阶层，处于何种阶段，他们只对你这个人感兴趣。

试想，朋友能为我们做到这么多，难道不是我们精神上的依靠吗？

3. 人际关系能延展你的能力

人作为个体生活在社会中，其能力与整个人类群体相比是有限的，尤其是在迈向成功的征途中，总要有一个一无所知、技不如人的过程。这期间就要学会人际交往，向老师学习，向同事学习，向朋友学习，这样才不至于总是感到无奈和无助。著名女评书表演艺术家刘兰芳在学艺的过程中，大家都称赞她有个好人缘，尤其是得到盲人弦师阎春田的赏识与帮助。阎春田脾气不好，与人不合群，可刘兰芳总是能理解他，她更多的是看阎老师的优点，看他的精明强干，看他的心灵手巧。这样，一弹一唱，两人配合得天衣无缝，使刘兰芳的东北大鼓唱腔大有长进。20 年后，刘兰芳扬名海内外，当了团长，对阎老师仍然恭恭敬敬，不敢怠慢。因此，一个人能力有限不怕，怕的是缺乏名师引路，无人指点。如果有了良好的人际关系网，就会“好风凭借力，送我上青云”。

三、处理好人际关系的八大技巧

1. 让人喜欢你

人类最强烈的愿望就是能受到别人的喜爱和赏识。美国前总统林肯看透了人的这个弱点，并指出："每个人最深层的特质是渴望被欣赏。渴望感到自己很重要，这是动物和人的区别之一。"据西方领导学家研究，那些成功者受人喜爱的特性之一，是他们有一种鼓励他人向上的力量，这包括对别人积极、肯定的态度。他们能为别人带来勇气、希望和力量，而这正是每个人非常渴望而又缺乏的。

在英国银行工作的安迪·华纳，他领导的十几个成员，每个成员都比他资历深、学历高、年龄长。专业并不精通的安迪，靠着天才的人际关系领导力，让自己的每一个下属都感到在工作中最有价值，是项目中最重要的人。对他非常不服气的出纳师，在一年后终于发现，"我越来越喜欢安迪了。"

怎样让别人喜欢你呢？一般来说，应该掌握以下原则或方法：

（1）把注意力从自己身上移开。要建立良好的人际关系，第一步是把注意力从自己身上移开。不要好为人师，总自我吹嘘。说话总是"我怎么怎么样，我过去怎么辉煌"，其实这样很令人讨厌。同时，有的人交友是为了打别人的主意为自己办事，而自己则一毛不拔，这种人际关系不会持久。

（2）真诚地关心别人。有一句话讲得好："人们知道你是否关心他们之后，才会在乎你是否了解他们。"无论你有什么本领、特长、受教育程度有多高，都不如真心实意地关心别人更能给人留下深刻的印象。事实上，当你是某个人的上司时，如果你不首先让他知道你一直在关心他，你是不大可能对他有正面的影响的。

《华尔街日报》发表调研公司所做的一项研究结果显示：在对16万名公司主管人员所做的调查中，被列为"最有成就"的13%的主管人员对人的关心胜过对利润的关心。如果你想建立良好的人际关系，你首先要关心与你打交道的人。

（3）不要低估任何人的价值。曾听说过一个年轻政治家第一次竞选演说的故事。他极想给听众留下深刻印象，可是当他到大礼堂时，却发现只有一名听众。他等了好一会儿，希望有人陆续到来，可是没有。最后，他对那名唯一的听众说："我只是个刚起步的政治家。你认为我应该发表这个演说还是取消算了？"那人想了一下说："先生，我只是个养牛的，我只懂牛。如果我把一车干草送到牧场，而那里却只有一头牛，我也肯定会喂这头牛的。"

许多人跟那位年轻政治家有同一种想法。他们盼望自己有大影响力，但不懂得影响力是如何产生的。其实我们如果能对单独见面的人发挥最大影响也是一种能力。如果我们忽视日常接触的人，不理睬他们，我们就会失去许多影响别人的大好机会。

以积极的态度会见每一个人，预期每一次打交道都能产生积极结果。把每个人都当做重要人物看待，这样你就绝对不会低估任何人了。

(4) 说话要调动别人的兴趣。人们尝试与人建立关系时，最常见的错误之一是只想引起别人对自己的兴趣，而忽视对方的兴趣。要与别人建立关系，最佳方法是把注意力集中在对方的兴趣上面。如果你善于理解，你立刻能弄清对方的兴趣所在。如果你到对方家中或办公室，你可试试通过看他贴在墙上的图画，他得过的奖品或纪念品，或摆在书架上的书来弄清他的业余爱好和兴趣，肯定会有什么东西能吸引你的注意。如果他的兴趣是你所不懂的东西，你就可以借机向他请教，彼此交流一下，能更融洽感情。

(5) 请别人提建议或给予帮助。要让别人喜欢你，还有一个好的方法，即请别人给你提建议或帮个忙。人们希望有机会展示自己的专长，喜欢那种因为自己有力量或权威，能帮助别人的感觉。

富兰克林在自传中曾讲过这样一件事。1736 年，他拟竞选州议会书记员。富兰克林心中有数，认为自己会获得提名，唯一的问题是有个影响力很大的人反对他。富兰克林为了争取跟这个人交朋友，心生一计，主动向他写信："我听说您的书房中有一本珍贵的书，我十分想看，能否帮个忙，把书借给我看几天。"那人对他这一要求感到很高兴，欣然把那本书借给了富兰克林，后来这个人成了富兰克林的坚定支持者。

请求别人帮助你是建立良好关系的开端，但不应该总是索取而不付出。

(6) 要考虑到别人的感情。人是感情动物，在与人交往中讲感情比讲理性更能成功。

有个故事说的是一位女士进一家鞋店买鞋。鞋店的一位男店员不厌其烦地替她找合适的尺码，但都找不到。最后他说："看来我找不到适合你的鞋，你一只脚比另一只脚大。"

那位女士很生气，站起来就走。鞋店经理听到了两人的对话，于是请女士留步。男店员看着经理劝那女士再坐下来，没过多久一双鞋就卖出去了。

女士走后，那店员问经理："你用什么办法做成这笔生意的？刚才我说的话跟你说的意思一样，可她很生气。"

经理解释说："不一样啊，我对她说的是：你的一只脚比另一只脚要小。"

经理同样把真相告诉了那位女士，但他考虑到了她的感受，而且讲究说话技巧，又带着尊重。他从那位女士的角度看问题，所以成功了。看出别人的感受，然后以尊重的态度为别人考虑，别人才会喜欢你。

(7) 留心为别人服务。为别人服务，是建立良好的人际关系的有利条件。人们很自然地亲近帮助过自己的人。我们大多数人都愿意以德报德。如果你随时留心为别人服务，你的人生会更充实，你能跟许多人建立良好关系。正如美国西部诺斯特洛姆百货公司的座右铭："百货商店之间的唯一差别是待客之道不同。"

该公司曾对顾客停止光顾的原因进行过统计分析：

1%去世；

3%迁往别处；

5%因为与别的店建立良好关系而转移；

9%因其他竞争因素（如价格）而转移；

14%因对产品质量不满意而流失；

68%因为店员对顾客态度冷漠而流失。

试想，最后一项数字不是太惊人了吗？难道这一数据不能引起我们对服务工作的反思吗？

(8) 别忘了给朋友"捎点东西"。最好的关系是双方时常从对方获益的关系。如果你希望使关系有建设性，在去见朋友时就不要忘了给朋友"捎点东西"。"捎点东西"，不单是某些小礼品，更多的是指见解、业务机会、有助于个人发展及鼓舞士气的资料和信息。现在许多老同学毕业十年、二十年见面聚会，总是畅谈过去，较少关注将来，聚会质量往往不高，很多人失去了聚会的兴趣。

(9) 说话言而有信。没有什么东西比失信对友谊更能产生迅速、严重的破坏作用了。一个人说话前言不搭后语，言行不一，就会失信于人。有意或无意不履行自己的义务，也会使自己失信于人。

失信不但损害友谊，也会破坏生意上的关系。人们首先要相信你，才会相信你的观点和你的产品。当别人觉得你不可靠时，你的机会就消失殆尽了。

(10) 承认对方的重要性。实际上，每个人都有自己的优点，都有值得他人学习的长处。承认对方的重要性，并表达由衷的赞美，就能化解许多冲突和矛盾。况且称赞和尊重别人，使他们觉得自己受重视，这并不花钱，但对这个人能起意想不到的作用。

(11) 避免争论。互相讨论问题是有益的，相反，抬杠式的争论绝对没有好处。讨论和争论有什么差别呢？争论是试图强行改变别人的观点。争论的结果，总是一方“赢”了，一方“输”了。讨论是交流思想，目的在于找出对每一方都公平的解决办法。讨论能创造一个双赢的局面。

争论总会造成某种伤害。即使你“赢”了一场争论，也可能毁掉了与对方的关系。为此，在讨论中要先听取对方意见，对分歧抱欢迎态度，不要轻易作出为自己辩护的第一个反应；要先想一想，再仔细研究对方的观点，寻求共同点，同时，行动可以暂缓，以使双方有时间思考，这样对方从中可以看出你是一个诚实的人、务实的人。

(12) 记住别人的名字。记住对方的名字，并把它叫出来，给对方一个很巧妙的赞美。

历史上的最好例子是拿破仑·波拿巴与他的下属的关系。拿破仑叫得出手下全部军官的名字。他喜欢在军营中走动，遇见某个军官时，用他的名字跟他打招呼，谈论这名军官参加过的某场战斗或军事调动。他还不失时机地询问士兵的家乡、妻子和家庭情况。这样做使得下属大吃一惊，他们的统帅竟然对他们的个人情况知道得一清二楚。

每个军官都从拿破仑的谈话和所提问题中感到他对自己感兴趣，这就不难理解为何他们对拿破仑那么忠心耿耿了。

笔者也曾有过这样的一次经历。一次去南方出差，刚下飞机，一眼看见了 20 多年前参军的一个学生，而如今已是上校军衔的他正在机场门口等待接上级首长。20 多年不见，他听我还能叫出他的名字，惊诧不已，赶紧跑到机场旁边的花店买了一束鲜花送给我。如果我当时叫不出他的名字，也许他认为我早把他忘了。

2. 学会主动

积极主动是建立人际关系网络的主要成功因素。谁是人际关系中主动的一方，谁就实际上承担起主动的领导角色。

(1) 情感表达的主动。情绪的协调是建立人际关系的基础。人际关系的好坏与情感协调能力很有关系。如果你善于顺应他人的情绪或使别人顺应你的步调，人际互动必然顺畅。成功的领导者或表演者能够使千万人随着他的情绪共舞。不善于传递或接收情绪信息的人，在人际互动上总是停滞难行，因为别人与其相处感觉不自在，虽然他们可能说不出任何理由。

情感协调是一个人所具有的最重要的交流技巧之一。无论是对于一个出色的演员或是一个优秀的推销商，无论是对于称职的父母或是亲密的朋友，无论是对于一个演说家或是一个政治家来说，真正需要的就是情感协调，这是一种强烈地吸引别人、联系别人、建立强大的人际关系的能力。

通过与别人的情感协调，几乎可以使任何工作变得简单、容易、妙趣横生。在生活中，无论你想干什么、看什么、创造什么或要体验什么，不管是精神上的自我实现或是物质上的充分获得，都会有一些人能帮助你既快又容易地达到目标。他们知道怎样才能使你快速地获得成功。要想得到这些人的帮助，就要实现与他们的情感协调，和他们进行密切合作，让他们把你看做伙伴。

那么，怎么创造情感协调呢？创造情感协调就是创造和揭示共同之处。有很多方式可以寻找与他人的共同之处，从而进行情感协调。你可以通过共同兴趣——如服装式样、文娱活动等，也可以通过同一类型的朋友或熟人，还可能通过信仰等。通过这些共同点，就能发展友谊和联系。而所有这些都是通过语言进行交流的。进行情感协调的一般方式就是交换彼此的信息。不过，研究表明双方之间的交流只有7%是通过语言实现的，38%是通过声调实现的，一个人的面部表情、手势、姿态和举止比他的语言提供的信息更多。

(2) 交往频繁的主动。交往频繁是指人们相互接触次数的多少。一般来说，人们彼此交往的频率越高，越容易形成较密切的关系。因为交往次数越多，接触机会越多，相互之间就越容易有共同的话题和感受，能真正了解和理解，从而形成良好的人际关系，尤其与陌生人相处初期，交往频率对建立人际关系具有特别重要的作用。所以，相互之间是否保持联系，是否有着广泛的接触，将直接影响人际关系的质量。同时也说明要想建立一种广泛良好的人际关系，必须争取主动，广泛地接触和交往。

（3）互惠酬赏的主动。互惠酬赏是争取交往的主动的重要动因。这种互惠酬赏不仅指物质的追求，也包括精神上的期望，如在交往中企图得到别人的赞成、尊重、信任、同情、安慰、关心、鼓励、表彰、怀念；或自己对别人有所期待，希望他能做出成绩，为组织争得荣誉；或力求实现个人的抱负、信念、理想、利他的愿望，避免使别人失望和受到“良心”的谴责等。一般来说，如果人们越能预示出行为可能得到报偿的倾向，即显现出吸引力，那么，得到报偿的概率越大，收益与付出之比的比值就越大，就越容易建立密切的关系。

互惠互酬关系表现在人的一切交往活动中。最主要的表现形式有：①人格互尊。②目标互促。③困境互助。④过失原谅。为了实现上述目标，每个人在人际交往中都要争取主动些，再主动些。

3. 学会理解

理解是人际关系的核心。多数人际冲突的产生，都是由于人们彼此过分强调自己的立场，而不能从对方的角度来理解问题。

美国前总统林肯曾说过：“如果说成功有任何秘诀的话，那这个秘诀就是了解他人的观点，从你自己的角度看问题的同时也从他人的角度看问题。”

事实上，我们常常忽视了这一真理。结果，人们各持己见，互不宽容，导致产生种种的冲突和矛盾。也正是由于不能理解别人，许多人的事业毫无进展。

演说家卡耐基在《处理人际关系的艺术》书中写道：

“当今，成千上万的推销员拖着沉重的脚步在人行道上蹒跚，疲乏、沮丧，且收入不高。为什么呢？因为他们总是只考虑自己的愿望。……如果推销员能够向我们说明他的服务或他的商品能够帮助我们解决问题，那么，他用不着卖，我们就会向他买。”

其实，理解并不仅仅只是了解对方的需求和感受，更是一种宽容，是一种“以德报怨”的气量。一个人要想成就一番事业，就必须学会理解别人，学会作出让步，学会宽容别人的过失。你能理解别人，才能换得别人对你的理解。不能理解别人，苛刻待人，这样的人是很难找到事业上的合作伙伴的，更不会在患难时得人之助，因此绝难成就一番事业。

理解至少有以下好处：

一是理解会使你有一个良好的社会形象。自私的、心胸狭窄的人，是不善于理解别人的，他们的一切想法都是从自身的利益出发。久而久之，他的形象就会越来越黯淡，名声也会受到影响，就很难得到别人的帮助，其结局必然是路越走越窄。而天性宽厚善良的人，能够体谅别人，宽厚待人，则会受到越来越多的好评，能树立一个良好的社会形象，从而赢得朋友，赢得机会，使自己的事业不断升级。

著名京剧表演艺术家梅兰芳先生，宽厚的性格为他带来了白玉无瑕的名声。抗战胜利后，上海有家小报的广告栏中出现了一条艺人梅兰芳卖画的消息，这显然是有人在冒梅兰芳之名赚钱。对这种恶劣行为，梅兰芳的朋友们都十分气愤，纷纷准备去那家小报兴师问罪，并找出那个冒名者，将他狠狠教训一通。

梅兰芳却劝阻了他们。他对朋友们说，这个冒名者想赚钱不假，但通过卖画来赚钱，想必也是有点真本事的，估计也是个读书人，只不过命运不济罢了。

梅兰芳嘱咐他的朋友们先从侧面了解一下冒名者的来龙去脉，再决定下一步怎么办，经过了解，那人的情况果然同梅兰芳所想的一样。那人得知梅兰芳先生的宽容，从此洗手不干了。

二是理解会使你得到忠诚和友谊。理解显示的是一种胸怀，一种善意。而胸怀宽广、以善待人的人总能得到别人的喜爱，大家都愿意接近和结交这种人，更愿意与之共事。善于理解别人，会使你得到下属的忠诚、同事的合作和共事者的友谊。三者合一，就已占了“天时、地利、人和”中的一大要素“人和”，而且这是其中最重要的要素。有众人扶持，何事能够不成？

1958年，中共中央在郑州召开会议。专列在中原大地上已行驶了十几个小时，一直伏案工作的毛泽东感到有些疲倦，便放下笔，活动活动身体，由包房出来向客厅走去。一位正在走廊巡视的乘务员看见主席走出来，急忙迎了上去。突然，列车驶入一弯道道岔，由于车速较快，车厢猛地晃动了一下。毛泽东没有防备，一个趔趄差点摔倒。那个乘务员见状一个箭步冲上前去，想把主席抱住，但终因力气不够，再加上车身的摇晃，不但没有抱住主席，反而顺势都摔倒了。毛泽东倒在了沙发上，那位乘务员倒在了地毯上。

那位乘务员吓得心里怦怦直跳，身上也冒出了冷汗，不知该如何是好。

毛泽东看着他着急的样子，连连摆手："没关系，没关系，你做得对。"看到毛泽东没事了，那位乘务员的心情稍平静了一下，马上又想到，这事要让领导知道了也够戗，心里又害怕起来，他对毛泽东说：

"主席，这件事您可千万别告诉我们车长啊。"

"什么事？"

"就是刚才您摔倒在沙发上的事。"

毛泽东听罢，孩子般地笑了起来："我保证，绝对保密。"他又招手对那个乘务员说："你知，我知，行了吗？放心了吧，小鬼！"

这件事一直不能让那乘务员忘怀，许多年以后，他用笔写下了这段感人至深的小故事，让我们从中可以看出领袖的胸怀。

4. 学会微笑

英国哲学家培根说："微笑不值一分钱，它却能带来许多东西。它让获得微笑的人感到富有，又不损失微笑的一分一厘。"

莎士比亚曾经说："我宁愿让傻子逗我开心，也不要让一个精明的人令我伤悲。"是啊，人生下来就似乎是在叫着"苦啊，苦啊！"好像出生就代表着苦难的开始。然而谁不希望自己在世上活得开心，天天快乐呢？所以，要搞好人际关系，当然是要让他开心，而不是让他伤心和愤怒。

当年克林顿竞选总统，微笑让他争到了不少选民，美国一本杂志甚至因为他漂亮的嘴唇，将克林顿评为十大性感男性之一；戈尔巴乔夫被推荐做总书记是因为他有一副亲切动人的笑容；侯赛因总统在人民面前总是笑容满面，给人和蔼可亲的感觉……做领导人必须学会微笑，才能给人以亲切、慈祥、友善的形象，帮助他建立亲民形象。从某种程度上来说，这似乎比一些过硬的施政纲领更能赢得选民的心，成败在一笑间！

也许有人说，我不要做领导，也不要拉选票，微笑还那么重要吗？答案毋庸置疑。微笑能很快使人感受到你的亲切、喜悦和善意，微笑使得男人、女人、老人、孩童的脸蛋变得漂亮迷人，微笑使我们表情丰富、充满热情，让人感觉友好和温暖。

罗伯特·杰布森是美国一家电脑公司经理，他听说有一个刚从加州毕业的计算机专业的博士要来应聘。于是提前给他打电话，用十分客气的语调邀请他来共事。后来听说几家电脑公司都在争相聘用他，且薪酬不菲。但博士选择了罗伯特·杰布森。后来有人问他为何弃高薪而来到这里，这位博士坦然地告诉大家：

“前几家的公司经理都是居高临下，用一副冷冰冰、公事公办的腔调跟我说话，我对此感到厌烦，我认为在这样的上司手下工作不可能得到重视。而罗伯特却用客气的语气和我说话，不厌其烦地向我介绍公司的情况，声音听起来很温暖，有人情味，有一种微笑的气息，因而愿意与之打交道，感到是真心诚意地欢迎我加入公司。”这就是微笑的魅力。

微笑是一道“无形的眼桥”。推销员会因此而得到初见者的信任，有机会推销产品；邮递员的微笑能让邮件也充满温情；演讲者的微笑能拉近和听众的距离，使会场有一个良好的交流环境……如果你皱眉头，拉着一副苦瓜脸，没有人会欢迎你的。这种不欢迎会给你的工作制造种种障碍，不仅让你的心情不舒畅，也给别人带来一种冷漠和距离感，即使最后完成了工作也不会有最圆满的结果。

5. 学会沟通

沟通是发送者凭借一定渠道和手段，将信息发送给对方（接收者），并寻求反馈，以达到相互理解的过程。有效的沟通并不完全是指沟通双方达成一致意见，而是准确地理解信息的含义。沟通是一个双向互动的反馈与理解过程。

沟通是建立在语言基础上的，主要有两种形式：一是口头沟通，常见的形式有听人讲话、与人说话、交谈和演讲；二是书面沟通，主要包括阅读和写作等一切传递、接收书面文字或符号的手段。

沟通的主要原则有：

（1）了解自己的感受，沟通目的是什么。

（2）了解他人的感受，不要自以为是。

（3）沟通要自愿，不要强迫，但也不要轻易放弃。

（4）沟通要替他人着想，不要粉饰自己。

（5）沟通要平和，不要争论谁是谁非。

（6）沟通要真诚，认真聆听。

（7）沟通要情理并重，以情为先，以理为据。

（8）沟通是理解，是期待，是协调。

与人交往的过程中，沟通也是一门艺术，包括听的艺术、问的艺术和表述的艺术。

听的艺术重在倾听，听出门道，要有礼貌地听，等待问候机会；要吸收地听，不要挑剔地听；要控制自我表现，不要偏听偏信。

问的艺术主要是变封闭式问话为开放式问话，不少人听过兄弟俩开粥棚的故事。其中哥哥店每天收入只有100多元，而弟弟店每天收入200多元。问其究竟，原来是哥哥在征询顾客时，问的话是："要不要加熟鸡蛋?"一般人回答是"不要"；而弟弟问顾客的则是："要一个鸡蛋还是两个鸡蛋?"顾客至少回答"要一个"。因此，弟弟店多出的100多元收入就是多卖鸡蛋的钱。我们还要学习变直接问话为间接式问话，先问什么，后问什么。也有一则故事讲，从前有两个年轻基督徒问牧师，第一个问："我能不能边做祈祷边抽支烟?"牧师心想，你真虔诚，那就边祈祷边抽烟吧！第二个教徒也来问牧师："我能不能边抽烟边祈祷?"牧师大为不满："祈祷怎么能抽烟呢，不行。"两个教徒的目的一样，由于说法前后顺序不同，效果就不一样。

表达的艺术要求口头语言要亲切、准确、清晰，书面语言要简明、通畅，有一定逻辑性；形体语言主要是用目光、表情、手势传情。

6. 学会倾听

倾听是沟通的重要组成部分，也是人际关系中最重要的方法。有人曾诙谐地提出一个问题："为什么人要长两个耳朵，却只有一张嘴呢?"言外之意就是要我们听比说多，多听少说。

有的人总认为要想表现出自己的聪明，就应把自己所知道的都说出来，让别人明白自己懂的知识多，思考的问题深。这样的念头就决定了他总是口若悬河、滔滔不绝地表达自己的思想和观点，甚至在别人说话的过程中去插话，把自己以为正确的说出来。完全没有充分理解别人的想法，盲目地下判断，自以为是的样子造成了别人对他的反感，甚至激起双方的矛盾和冲突，不仅不聪明，反而显得愚蠢和笨拙了。你想探听别人的秘密，了解别人的内心，就要鼓励别人说话，做一个好的倾听者。

因此，越是聪明的人，越不会说得过多。相反，他往往是个足够好的倾听者，仔细听别人说的每句话，每种语气、每个用词、而且还能让最不愿意表达自己想法的人也在他的面前变得很健谈，于是，聪明的人就从他的谈话中获取自己需要的信息。

华盛顿大学校长、美国的知名学者尼克拉斯·巴勒莫说:“那些在谈话中老爱用‘我’的人无知得无药可救，不论他们如何能说会道，滔滔不绝，他们始终是无知的。”

演讲专家戴尔·卡耐基说:“专心听别人讲话，是我们所能给予别人的最大赞美。”倾听他人谈话的好处是，别人将以热情来回报你的真诚。人性的知识告诉我们，相对于欣赏别人的优点而言，人往往更喜欢自我表现，一旦有人专心倾听自己的谈论时，就会感到自己被重视、被关注，有助于其提高自信心。

如何才能更好地倾听呢?

第一，要表示出诚意。倾听别人谈话是会花时间和精力的，如果你是真的有事情而不能倾听，那么你直接提出来（当然是很客气的)，比你勉强去听或装着去听和中途开小差给人的感觉要好得多。听就要真心真意地听，对自己和对他人都是很有好处的。安排好自己的时间而去听他人谈话是一件很值得的事情。

第二，要有耐心。这体现在两个方面：一是别人的谈话在通常情况下都与心情有关，因而可能会比较零散或混乱，观点不是那么突出或逻辑性不太强，要鼓励对方把说话完，自然就能听懂全部的意思了。否则，容易自以为是地去理解，去发表意见，产生更加不好的效果；二是别人对事物的观点和看法有可能是你无法接受的，甚至会伤及你的某些感情，你可以不同意，但应试着去理解别人的心情和情绪。一定要耐心把话听完，才能达到倾听的目的。

第三，要避免倾听时的不良习惯。开小差、随意打断别人的谈话，或借机把谈话主题引到自己的事情上，一心二用，任意地加入自己的观点并做出评论和表态等，都是很不尊重对方的表现，比不听别人谈话产生的效果更恶劣，一定要避免。

第四，适时进行鼓励和表示理解。谈话者往往都希望自己的经历受到理解和支持，因此在谈话中加入一些简短的语言，如“对的”、“是这样”、“你说得对”等或点头微笑表示理解，都能鼓励谈话者继续说下去，并引起共鸣。当然，仍然要以安静聆听为主，要面向说话者，用眼睛与谈话人的眼睛作沟通，或者用手势来理解谈话者的身体辅助语言。

第五，适时做出反馈。包括希望其重复刚才的意见，或转述自己理解的意见等。

7. 学会赞美

前面我们已经在如何管理好自信心中讲到过赞美。在人际交往活动中，切忌总是带着审视的目光看待事物，久而久之，你会变得严厉而苛刻，也许还会不近人情，一切东西在你面前都充满了瑕疵与缺陷，周边的人或亲戚朋友认为你难以接近，便都远离你而去，使你更加孤独和痛苦。

一位哲人讲过："我们世间不是缺乏美，而是缺乏发现美的眼睛。"任何一件事情或一个人都有它的两面性，只是看你侧重于哪一面，怎么看待而已。那么，何不试着开口赞美一下呢！赞美他口才真好，赞美他服饰漂亮，赞美他成绩有进步，赞美他诚实可靠……

你会发现，当你说出这些话的时候，你会真的从心里感受到一种快乐，一种如耶稣般的乐善好施的快乐。这样，你的心态也会随着赞美的话语而平和，行为也真诚有效了。你在发现每一个优点的同时，他们在你面前也变得可爱多了，充满了优美，每个人都变得善良了，都好相处了。

这里讲的赞美必须是真诚的，发自内心的，而不是阿谀奉承，无病呻吟。要尊重他人，很多情况下就在于对他人的赞美。一句轻轻的夸奖能使别人如沐春风；一声诚意的致谢能使别人感到温暖。用最普通最平常的语言来夸奖别人，对你来说也许是很容易、很简单、很平常的事，可对别人来说却意义不同凡响，它可以使人愉悦，使人振奋，甚至会因此改变一生。

8. 学会批评

人都是有自尊的，而且是很爱面子的，批评不当，伤害别人的自尊，影响人际关系和谐。现实生活中，有很多人的批评并不是为了帮助别人，而是用来发泄私愤，斥责别人、抬高自己，这种批评本身就是不健康的，会对人际关系造成莫大伤害。

批评是一门艺术。为了提高批评效果，不妨采用以下方式：

一是赞扬加批评。批评要从赞扬开始，就像医生开刀要先打麻药针一样。从称赞开始，总是会迎合别人内心希望被肯定和尊重的需求，在两人之间建立起了一种和谐友好的气氛，让对方意识到你接下来开始的批评是建立在对他的认同的基础上，不是对其人身攻击，那么，批评就显得更容易接受了。

二是提醒加批评。直接而正面的批评，也许能一针见血，但一下子触及人的痛处，往往令人一时接受不了甚至恼羞成怒。既如此，不妨通过提醒方式让他“软着陆”。

美国著名的管理人员史考伯有一次路过他的工厂，发现有几个工人站在“禁止吸烟”的警示牌下吸烟，这是明显违反厂里的规章制度的。于是他走过去，很有礼貌地给那几个工人一人一支雪茄，请他们吸烟，并且说：“如果你们能到外面去抽这些雪茄的话，我可真是感激不尽了。”就这样一个动作和一句话，就能立刻让那些工人们意识到自己违规了，并且以后都不好意思再这样做，而自觉地去维护工厂的秩序。史考伯没有用一句直接而正面的批评的话，却达到了不知好多少倍的效果。

三是批自己再批人。即在批评别人前，首先反思自己，说出自己曾犯过的错误，“我到现在也没有改掉这个毛病”。这种谦卑态度能帮助别人自觉自愿地承认错误，改正错误。

四是把“命令”变成“建议”。尤其是上级对下级的批评往往是命令式的，不可违的，容易引发抵触情绪，即使下级勉强去做了，心里也不会痛快，也不会尽心尽力。既如此，何不给人留一点面子，把“命令”变为“建议”，充分表示了对他的尊重，批评的效果则更佳。

五是公开批评变为私下批评。公开批评容易产生抵触和怨恨情绪，最好采取“冷”处理，找个机会背后批评。就如做儿子的面对媳妇和妈妈的责难，而且婆媳观点还不完全一样，对此，只有背后分别裁决，“各打五十大板”，否则公开论理只会火上浇油。同时批评要有节制，批评一两次就可以了，不要抓住一个错误总是不放，甚至“算老账”，这会更加引起对方的反感，批评重在就事论事，不要伤及人格。

思考题

1. 你是怎样读懂人际关系的？它在人生中真的那么重要吗？
2. 处理人际关系的八大技巧中你认为哪一条或哪几条最重要？

第五讲 管理好你的问题

——做一个有智慧的人

名人名言

- “疑是思之始，学之端”，“每事问”。

——孔子

- 科学只能从问题开始。科学和知识的增长永远始于问题、终于问题——越来越深化的问题，越来越能触发新问题的问题。

——[英] 哲学家 K.R.波普尔

- 发现问题和系统阐述问题可能比得到答案更为重要。解答可能仅仅是数学和实验技能问题，而提出新问题，新的可能性，从新的角度去考察问题，则要求创造性想象，而且标志着科学的真正进步。

——现代科学之父 爱因斯坦

- 现在教育模式最大的弊端不是学“问”，而是学“答”。当前教育最缺的是“问”。如果一代人，一个民族的未来缺乏思考能力，那只能落后挨打。

——[美] 作家 马克·吐温

在现实生活中，每个人都会遇到这样那样的问题，有的问题是公事，有的问题是私事，有的问题是所谓的“闲事”（其实闲事也不闲）；有的问题是大事，有的问题是小事；有的问题是急事，有的问题可以缓一缓；有的是老问题，有的是新问题，有的是新老交叉的问题。问题当前，如何进行管理和处置，这是对每一个人的判断能力、决策能力和处置能力的重大考验。有的人潇潇洒洒，处变不惊，谈笑间问题迎刃而解；有的人则忙忙碌碌，问题成堆，剪不断，理还乱，一筹莫展……具有问题意识是一种有智慧的表现。

案例 5-1　管理者应该问什么样的问题

（一）

二十世纪五六十年代，著名相声演员马三立曾经说过很多关于旧社会算卦的事儿，非常出彩。其中一个段子说的是某个媳妇找不着戒指了，请一个盲人卦仙儿帮忙算算。马三立可谓快人快语：“你两只眼睛看得清清亮亮的都找不着，问他一个吗玩意儿都看不见的瞎子，这不是倒霉催的么?!”

（二）

二十世纪六七十年代学大寨：“请问陈永贵同志，我们平原地区学大寨，如何才能把梯田造好?”笔者没有费神去查找当年的报纸，但我想这类问题大抵是被某些企图赶超大寨的村镇领导们真诚地问过的。要依马三立的风格，回答肯定是：“他要有平原，还造梯田干吗?! 这不是吃饱了撑的么?!”

（三）

2004 年 6 月，北京大学中国经济研究中心致福轩，伦敦经济学院院长戴维斯爵士做关于英国银行监管体系的专题演讲。演讲后，有记者提问："中国很多银行的坏账率高达百分之十几甚至几十，请问戴维斯爵士，你们对银行的坏账问题是怎么处理的，能给我们什么建议？"戴氏答："英国银行的坏账率只在1%左右，不是什么大问题。你们的坏账率那么高，我对这个问题没有研究过。"

（引自马浩著《决策就是拍脑袋》，中信出版社，2005年1月）

以上三问听起来可能有些滑稽好笑，其实在我们生活中都曾不经意地犯过同类型的低级错误。这说明我们对问题的把握不是很好，该问什么，不该问什么；该怎么问，不该怎么问；面对问题，该怎么处置。这些都是如何发现问题、思考问题和管理问题的问题。

我曾经看到一篇文章，题目叫《能力的真谛》（《人民日报》，2006年9月26日，作者王培佐），文章指出，什么样的人最有能力？在一定意义上说，善于思考问题的人最有能力。

为什么相似的工作条件，相当的智力状况，有的人能出类拔萃，创出骄人的业绩；有的则工作平平，见不到特色和浪花。

绝大多数人看优秀者，往往只关注他们工作的成果和辉煌的业绩，很少去跟踪和分析他们的行为习惯。换句话说，就是只羡慕别人篮子里的苹果多了，但没留心是怎么多起来的。

其实，每个人都有能力把本职工作干好，只不过有人还没有真正把握能力的真谛，而优秀者依靠过人的思维和审时度势的能力，不断抢抓机遇，不断创造辉煌。

曾听过这样一个试验。一位老师用手指蘸糖尿病的尿样来尝味，然后让学生们都做一遍。学生们愁眉苦脸地照做了。这时老师说："我在教你们观察和思考细节。谁观察和想到我伸进尿样的是拇指，舔的却是食指？"

学生们的教训，一是没有认真观察，二是没有深入思考。

船的力量源于帆桨，人的力量源于思考。山因势而变，水因时而变，人因思而变。一个会思考并且善于正确思考的人，才真正是一个有能力的人。拿破仑曾说，世界上有两种东西最有力量，一是剑，二是思想。而思想比剑更有力量。

大千世界，芸芸众生，提高生存和竞争的能力是他们共同的愿望。那么，又是什么造成能力的高低与强弱不同呢？回答同样是："思考！"

拉开历史的帷幕就会发现，古今中外凡是有能力创造重大成就的人，都是善于思考问题、管理问题的人。

一、“善待”问题

1. 问题的含义

所谓问题，就是对尚待解决或弄不明白的事实产生的疑点。有关心理学家根据问题的内容和性质，把问题大致分为三类：呈现型、发现型、创造型。呈现型问题是一些给定的低级问题，答案是现成的，求解的思路和方法也是现成的；发现型问题是自己发现的，而不是由他人提供的；创造型问题是在人们发明创造之前不存在的，全新的，是科学家、艺术家从事创造活动的基础。

那么，问题究竟是怎样产生的呢？归根结底是由人的认识局限造成的。这种局限主要表现在三个方面：一是认识能力的局限，即在一定的社会生活和历史发展阶段，人的认识能力的局限导致对问题的错误判断。比如在科学研究中经常会碰到无法破解的难题。就如当初莱特兄弟发明飞机、美国E.L.瑞克从火车检票员岗位退休后去钻探石油，当时都被认为是一种愚人行为，结果他们的所为给人类带来了不可估量的价值。二是由人的自身利益所带来的认识上的局限。中国有句俗话，叫做“屁股指挥脑袋”。我们经常讲某些人讲话有偏见，有问题，就是说他站的立场与大家不一样。如果仅从个人利益出发，不善于从对方立场着想，不从大局着想，往往容易酿出层出不穷的新问题，甚至因为处理不公而把事情搞砸。三是文化方面的局限，尤其是文化中的价值观对人的束缚最大。人来到这个世界上，就生活在一定的文化之中，从牙牙学语到独立成人，在这一过程中自觉不自觉地接受了一定的文化熏陶。人的认识不可避免地带有自身的局限性，深深地打着这样的烙印。在我们所接受的文化中有积极的因素，也有消极的因素，甚至有极端野蛮和错误的因素。问题不在于我们生活在某种特定的文化中，而在于是否有一种对我们所接受的文化进行独立反思的能力，如果缺乏这种能力，就常常会把这些文化不加区别地当做天经地义的自然法则去接受，结果便形成了认识上的更大局限和偏差，比如当今商业文化给女性带来的一系列问题。在商业文化中，女性的美被人为地判定成年轻、漂亮、性感，于是在所有受到这种商业文化价值观冲击的地方，女性们为了追求这种价值而减肥、去皱、整容、隆胸、化妆，不惜倾其所有。更残酷的是，有的女性为了增高几厘米，竟不惜人工切断双腿去加上钢支架。这些女性耗尽精力和所有，仍然不能使青春常驻，真正受益的是由这种商业价值观创造出的需求带来的商业利润的获得者。但是，到目前为止，人们还很少反思这种商业价值观的局限，仍然奉之为开放、时髦甚至是现代化的标志。如果我们试着对自己头脑中接受的一切都问一个为什么，就会发现原来奉若神明的东西竟有那么多荒唐可笑的地方。

因此，加强自我的问题管理，首先要使自己认识到问题管理的主体是人，问题的根源也在于人，我们既是问题的解决者，又是问题的制造者，所以，问题管理的核心是解决人自身的问题。不是去改变世界来适应人的需求，而是改变自身以符合自然的法则。

千高原在《问题管理》一书中归纳了问题的五大特征：网络结构、连续不断、不可避免、不分大小、蕴涵启示。

所谓网络结构，任何问题都不可能是绝对单一的，它是由一系列网络系统构成的。因此，对任何问题都不能只关注某一个点，而必须尽我们最大的可能去探知它四面八方的网络结构。

所谓连续不断，包含着两层意思。一层是看似已经解决的问题，在环境等条件发生变化后，可能又成了问题；另一层是被控制在解决状态的问题，经常又冒出一系列的新问题。聪明的问题解决者从不相信问题管理上的任何大功告成或者太平盛世的假象，总是警惕地审视着过去解决问题的方法。

所谓不可避免，指问题根源于人的局限的永恒，这种局限使人的一切创造只能是一种相对的完美，难以与自然的完美相抗衡。而且，随着人的认识、衡量尺度的变化，很多事物使得昨天的完美会成为今天的缺憾，今天的完美可能是对后代的犯罪。

所谓不分大小，即问题的大小不是问题自身的区别，而是人对问题认识的多少和深浅不同造成的。在问题网络结构中，每一点的变化带来的都会是整个网络结构的改变，各点的重要性是等同的。

所谓蕴涵启示，是说任何问题都是一面镜子，从中映射出人的局限，启示着一种努力的方向。正是从这点说，问题不是一件坏事，而是人类成长的向导。2002 年春天，清华大学四年级的学生用硫酸烧伤动物园黑熊的事件引起了社会的广泛关注。多数人从这一事件中看到的是目前教育体制重分数不重德育的弊端，讨论的焦点只是如何处理当事人。笔者认为，我们在问题的影射中看到的东西太少，更重要的是没有从这一事件中引出任何积极有效的改进行动。

2. 善待问题

善待问题涉及两个方面：一是把问题看成是消极因素还是积极力量；二是用什么思维方式去看待问题。

在现实中，人们总是赋予问题以消极的意义，一提到问题，就认为是坏事，而把没有问题发生作为追求的目标。其实，这正是问题管理中必须首先解决的一个态度问题。

把问题作为消极力量看待的某些人，虽然也看到了人的欲望和现实之间的差距，但是，他们把造成这种差距的原因归于自然环境，即认为自然环境存在着不能满足人的一切愿望的缺陷。因此，他们管理问题的原则是按照人的意志去征服自然。“与天斗，与地斗，与人斗”、“人有多大胆，地有多大产”等都是这类问题管理的表现。从认识上看，在这种观念里，人与自然是对立的，分裂的，同时，又主观地认为人是这个世界的中心和主宰，人的使命就是要把这种对立关系变成隶属关系，让自然成为人的奴仆和工具。显然，这种认识是僵化的，它否定了世界的有机整体性，而且还错误地把人抬高到至高无上的地位。然而，在社会实践中，随着人类认识的深入和扩展，人们越发感到自己是自然中不可分割的一个有机组成部分，既不能离开自然存在，也根本不可能成为自然的主宰。相反，人只有遵循自然的法则，才能感受到自身生命的愉悦。

如果我们能够意识到问题的根源在于自身认识的局限，问题就不再是一种与人对立的消极力量，问题管理过程也就不再是一个让人焦虑、紧张的斗争过程，而是一个自由发挥创造力的充满乐趣的提高自身的过程。

把问题看做是消极力量还是积极力量，不但反映出对问题根源的截然不同的看法，显示着不同的生命态度和世界观，也从根本上决定着问题管理的原则、方式方法和最终的成败。如果我们已经有了无数次把问题看做消极力量的惨痛教训，甚至今天仍在遭受这些恶果带来的惩罚，即使是在看做积极力量上尚不能统一认识，或者尚有待深入探讨，我们也应该毫无顾虑地放弃看做消极力量的做法，尝试把问题看做积极力量，更何况历史和现实中把问题看做积极力量的成功例子也是数不胜数的。事实上，我们每个人都有过这种积极对待的经历，只是还没有意识到而已。

用什么思维方式去看待问题是解决问题的一个“结”。传统的看待问题的思维方式主要是单一的点线思维方式。

有这样一则寓言故事：从前，有一条大河，拦住了河边村子里的人到对岸去赶集。开始，他们造船摆渡，后又凌空架桥，桥又被洪水不断冲毁，各种方法都不能彻底满足人们自由往返的需求。村子里的人想，要是河里没有水，我们不就可以靠双脚任意过河了吗？于是，他们沿河而上，去查看水到底从哪里来的。终于，他们找到了原因，而且，立刻就砍光了森林，铲除了植被，填平了洼地。河水真的干涸了，河床变成了再也不能阻挡村民双脚的陆地。然而，依水而居的人们搬走了，集市也散了，村子里的人也失去了过河的需求。望着费尽九牛二虎之力征服的河道，村子里剩下的人忽然明白了该做的事情，一部分人到下游海边去学习如何依水而居，一部分人到上游去恢复森林、植被和洼地。

这则故事反映的是问题管理中的点线思维模式，在这种模式中，问题管理被简化为由A点到B点的一条孤零零的直线。在上面的故事中，人们为了解决河水拦路的问题，就去消灭河水，从未考虑河水对村民其他需求的满足，相反，问题更加严重，更加繁多。这样的情况在现实生活中大量存在着，甚至许多人仍然非常习惯地使用这种思维模式，毫不察觉它的弊端和恶果。

根据目前我们对问题管理的认识，解决问题的思维模式至少应具备两个功能：一是不断扩张我们的认知领域，深化我们认知的程度；二是始终显现我们自身的无知和认识局限。认知的扩张，既可以帮助我们对问题产生出更全面、更深刻的认识，又可以更清楚地意识到人自身的问题，使问题管理始终处在活跃的状态；而对自身局限保持清醒的头脑，我们就会保持着强烈的求知和自我完善的欲望，问题管理就会充满着一种内在的活力和动力。正是在知识扩张以及对自身认识局限的认识中，人类开始产生了一种全新的世界观。在这种世界观中，人类不再是世界的中心，而是与所有物种具有相同重要价值的一个物种，人与其他生命、与环境相互依存，共生共荣。所以，当人掠夺其他生命和其他生命赖以生存的环境时，也正是在掠夺自身。基于这种世界观，人们开始一项一项清算和重新评估自己的现实行为和效果，开始思考新的生存方式和弥补过失。

由此可见，知识的扩张带来的不仅仅是认知上量的积累，对自身局限的清醒认识，也不仅仅是一种简单的自我否定，它们带来的，是人的世界观的巨大转变，而这种转变就是头脑的更新。因此，无论我们采取什么样的思维模式，如果缺少了这两项功能，这一模式就是值得怀疑的，就必须予以修正，增加这两项功能。在一定程度上说，这两个功能决定着问题管理思维模式的取与舍、成与败，值得我们记取。

二、人生中碰到的主要问题

人一生中碰到的问题千千万，归纳起来最为令人关注的主要是两大问题：一是工作中的问题；二是生活中的问题。这两大问题直接影响自己的工作绩效和心情。

1. 工作中的问题

如果你是一名管理者或者领导者，甚至是一名普通员工，或许都曾遇到过令你苦恼和焦虑、甚至百思不得其解的问题。

一是管理过度而领导不足的问题。

什么是管理。管理是分工的产物，是支使他人去正确地做事，管理的本质是提高资源的使用效率。

什么是领导。领导的责任是对组织成员施加影响，引领大家实现愿望和目标，其中包括确立价值观，指明方向，建立规则，正确激励等。但是在日常工作中，有的从事管理工作的同志管得太多，理得太少，事必躬亲，只相信自己，经常不礼貌地干预别人的工作，独断专行。使下属越来越束手束脚，养成依赖从众的习惯，单位患了“弱智症”。而做领导工作的人则不善于履行自身职能，不善于为本单位建立共同愿景和使命，不善于联系群众，不善于传递信息，不善于激励和鼓舞士气，往往只是心照不宣地埋头拉车，靠个人单打独斗。古人云：“尽己之力为下策，尽人之力为中策，尽人之智为上策。”我曾经在海南省南海的一座庙堂看到一副对联：“善道者，一线藕丝牵大象；盲修者，千钧铁棒打苍蝇。”因此，广大群众一致呼吁：“多一点领导，少一点管理，要领导型的管理，不要管理型的领导。”不管你是一名管理者或一名领导者，或许是普通一员工，大家都可从中品出自己是否有过类似失误，或正在犯同类性质的错误而浑然不觉……

二是重“道”乏术，管理虚化的问题。

管理大师德鲁克曾指出：“为了跟上管理潮流，许多人拼命地输入先进的管理经验，从普及知识的角度讲是一件好事，但将管理简单化为若干概念，只说不做，没有什么实质意义？现实生活中，有不少空头政治家，追时髦，炒概念，图形式。一说学海尔，大家兴师动众，每年去海尔参观学习者数十万众，听起来激动，看起来感动，回去不动。而海尔的真经比如OEC管理，“日事日毕，日清日高”，他们因怕麻烦，不下苦功，结果学不来。

管理者如何管理，主要是两件事：一是管头——做什么，谁来做，主要是采取聚焦战略，抓住主要方向；二是管脚——适人适事，教练角色，结果导向。适人适事就是因人而异，扬长避短。古代有一老翁叫西邻，生有五个儿子，老大憨厚，大门不出，二门不迈；老二是个瞎子，老三是个瘸子，老四是个聋子，老五从小调皮捣乱，但善于交际。西邻安排老大在家种地，老二眼睛看不见，让他学算命、按摩；老三腿瘸，让他在家搓绳；老四耳聋，让他推磨；老五圆滑，让他从商，一家五弟兄各得其所。虽有三个残疾人，生活倒也殷实。教练角色主要是帮助运动员提高运动水平，不要老是想着自己上场。现实中，有的人自认为是英雄，希望别人也是英雄，结果“领导都会，群众不累，领导累死，没人同情”。所谓结果导向，是以绩效论英雄，不要替过程找各种借口。

如何防止管理虚化的问题，我们曾总结过四句话：“把复杂的问题简单化，把简单的过程量化，把量化的东西流程化，把流程的东西制度化。”如此而已，岂能虚哉？

三是求全责备，事与愿违的问题。

英国著名管理学家克里奥斯说：“有的管理者从开始进行管理时就下决心想解决一切问题，其实这是一种严重的错误。”所谓求全责备，是希望最好，没有较好，希望没问题，其实做不到；希望快速地解决问题，往往欲速则不达；希望管得越多越好，越细越好，结果管理者经常越位，不像一个将军，倒像一名士兵。其实不管也是一种管理。该管的不管，容易看到；不该管的去管，却容易被忽视。你是否想过用不管的政策去管理或许比管更好。

四是自以为是，盲目决策的问题。

自以为是并非都是错，但是如果变成一种定式思维或固执，必然会导致盲目决策，酿成大错。在自我管理的问题中应多一些怀疑，多一些反思，多一些科学论证，避免盲目从事。在我们经常看到的快速决策、冒险决策、偏见决策中，没有一件是经过深思熟虑的。

五是选人、用人、留人不当的问题。

日本松下公司创始人松下幸之助说："办企业就是办人。"如果你是一名企业总裁或主管或政府官员，几乎每年每月都碰到如何选人、用人、留人的问题。

选人过程中，普遍的问题是缺乏可作为根据的人才观和相对成熟的标准；有的没有建立起与职位相匹配的关键能力的模型；有的没有严格的招聘选拔程序，结果经常出现所谓的"光环效应"、"马太效应"、"首因效应"、"近因效应"、"投射效应"、"刻板效应"等。结果以偏概全，没法找到合适的人选。日本松下公司有一套选人标准值得记取："不恋初衷而虚心学习；不守陈规而常有新思想；爱护公司并能融为一体，不自私而为团队着想，忠于职守，勇于承担重担。"

如何用人，首先要克服的是任人唯亲。所谓任人唯亲就是说某些领导者或管理者根据自己的喜爱与自己的关系去任用人。自己欣赏的人就重用，自己讨厌的哪怕能力再强也不予重用。有一副对联是"说你行，你就行，不行也行；说不行，就不行，行也不行"。横批是"不服不行"。目前在用人问题上主要存在着三种庸俗关系。其一是利害关系。主要表现在一些领导不顾政策、原则，以对象与自己的利害程度来决定是否提拔使用。凡与自己有利害关系的就提拔重用；对自己无利害关系的，便靠边站。其二是裙带关系。注意提拔使用自己的子女、亲友，在企业形成了以血缘关系为纽带的关系网。其三是依附关系。千方百计寻求保护伞，以人划线，依附于某个领导。同一系统中今天我提拔你的子女，明天我就可以得到重用。

留人与用人、选人相辅相成。著名钢铁大王卡耐基曾大言不惭地对人讲："员工是我们公司最重要的资产，即使公司所有的有形资产，不幸被大火付之一炬，但只要我们的员工还在，我就可以重建一个公司，我还可以成为一个钢铁大王。"现实生活中为什么有人留不住，而选择"跳槽"，我想不外乎以下几个原因：

一是单位不具发展潜力。正如养在鱼缸里的鱼长不大，它们要设法游向大江大河大海。据说有一条极具生命力的金鱼放在一个鱼缸里生活了三年，不到三寸长。有一天，鱼缸被摔破，主人将它放进后院鱼塘中放养，不到一年时间长到一尺多长。人也是如此，如果在一个地方、一个单位看不到发展潜力，他自然会想到远走高飞。

二是个人职位不具发展潜力。有的地方和单位发展潜力也不错，但是这个人没有放到他认为最有发展潜质的岗位上，他与其在这里混日子不如另谋高就。在这种情况下，领导者或管理者就要考虑是否人尽其才，不要放错了地方。

三是得不到老板的信任和赏识，甚至引发冲突让人才离你而去。某调查机构随机调查了100家单位，500名职工，其中有一个问题是："你感到郁闷的是什么？"85%的回答不是工资、奖金和福利，而是领导的不信任、不赏识。如果你是该单位一名领导和主管，你会怎样反省你自己的工作？有的领导或主管不仅不信任员工，反而经常出难题，给员工穿小鞋，以致相互对立。

四是企业文化环境不好。单位人际关系复杂，也是造成人才流失的原因之一。有的企业缺乏统一的、透明的价值观和绩效考核标准，办任何事都要看上司和同事脸色，加上赏罚不公，一些怀才不遇者、性格耿直者就会选择"惹不起，躲得起"的方式离你而去。试想，一个关键人才的出走，将会给单位业务带来多大影响，包括隐性的影响，有时走一个，带一批。某著名高校下属一个专业学院，由于院长的出走，一下带走四个骨干，被人们形容闹了一场"地震"。

五是薪酬不理想而另攀高枝。古人云："财聚人散，财散人聚。"在进入市场经济以后，工资谈判是衡量是否是市场经济体制的一个显著标志。对于一个能帮助你创收的重量级人才，如果你给出的薪酬与他的绩效不匹配，人也是留不住的。

如何留住人才？一般有正向和反向两种方式：从正向方向考虑，一定要关注人才的需求，把握其思想动态，如有的想成名，仅给物质奖励是不够的；有的想求利，仅评一个先进工作者或劳动模范而让他永远做贡献也是不能持久的。同时，要重视人才需求，尤其是新需求，并合理予以满足。有的领导或管理者往往忽视人才需求，甚至认为是不合理要求而将其看"扁"，更容易伤透人才的心。从反方向考虑，要对人才有个合理的评价，使他们形成差异压力；与此同时，通过建立人才梯队，形成竞争压力。为了谨防人才跳槽，可以通过建立利益共同体，比如期权、股份、基金等“金手铐”，或建立知识产权、专利保护制度等。

2. 生活中的问题

生活中的问题集中反映在家庭问题和夫妻间的问题，是一个人每天必须面对而不能回避的问题。有的人工作十分出色，在外面颇受推崇，但是家庭“后院”常常着火。不善于处理家庭问题只能算成功了一半。

（1）家庭中的问题。家庭是以婚姻和血缘关系为基础的社会单位。它包括父母、子女和其他共同生活的亲属在内。中国有句俗话叫做：“家家有本难念的经”。这充分说明，家庭问题是人人都要面对的，而且每个家庭都有难处理的问题。一代明主唐太宗李世民，后人评说他的功过时说：“治国有方江山美，治家无方是非多。”拿破仑三世，也是一代帝王，由于他妻子的缘故，在偌大的国家里，找不到可以安静办公的地方；美国第十六任总统林肯，凭借他的品质和贡献，被誉为美国历史上最受尊敬的总统，而在家庭生活中，林肯却无奈地对人说，他已被妻子折磨了15年。

这些事例说明，家庭问题是很难处理的。因此如何处理好家庭问题，每个人都需要认真地去研究和探讨。

家庭中的主要问题是要求每个人扮演好自己的角色，恰当地处理好相互的关系。清清白白做事，坦坦荡荡做人。当父母的如何做好长辈而像长辈，要高姿态，少干预；当儿女的如何孝敬好老人而像儿女，要多尊重，少指责；当丈夫的如何挑起家庭的重担，要尽到男子汉的责任；当妻子的如何做好贤内助，好儿媳，要多为丈夫、公公婆婆想一想，做一做；各尽职守，彼此关爱，以感情为重，也许家庭矛盾要缓和得多。如果一个家庭经常“着火”，即使家财万贯，我们都不会感到幸福快乐。

俗话讲：“清官难断家务事。”既如此，解决家庭问题首先要从自我做起，防微杜渐，避免出现不愉快的事；其次，多一点了解，多一点沟通，多一份关爱，大事化小，小事化无。尤其是在当今独生子女长大成家后，肩负三个家庭的重任，不可等闲视之。

（2）夫妻间的问题。家庭中的问题更多时候集中表现为夫妻间的问题。夫妻间的问题实际上是三种关系的融合：彼此相爱、共同生活和两性和谐。这三种关系的好坏，在很大程度上决定了夫妻关系和谐与否。

成双入对的情人们，饱尝恋爱的柔情，带着海誓山盟，投入共同生活。从新婚佳日起，朝夕相伴，如蝶恋花，如凤逐凰，其乐融融，至白头偕老，这是理想的婚姻和爱情。然而也有一些情侣，婚前的脉脉情意，婚后消失殆尽，婚前的山盟海誓，婚后一扫而光；美好的家庭陷入瓦解状态，各自的恶习、怪癖彰显无遗。婚前的美梦都化为泡影，烦恼与忧愁“才下眉头又上心头”。正如一句歌词：“爱情看起来简单，相处起来却是很难。”夫妻双方怎样才能处理好这些“剪不断，理还乱”的问题呢?

首先，要解决彼此相互适应的问题。

结婚，把过去单独生活的男女结合在一起，使之成为丈夫和妻子，这是人生中一个很大的变化。尽管婚前的相处使年轻的情侣之间有了相当的了解。但是婚后的生活和恋爱中的生活毕竟是不完全相同的。

由于结婚以后，双方的接触更加频繁，更加随便和不加掩饰，所以双方都可能发现对方暴露出来的缺点或毛病。同时，由于组成了家庭，许许多多的家庭琐事需要自己亲手去做，这对于年轻的夫妻来说，不可避免地会产生互不适应的感觉。因此，作为丈夫和妻子，双方都应该努力按照各自角色要求的模式去做。只有这样，才能巩固和加深相互之间的感情，使家庭走上幸福之路。否则，就可能引起“双边关系”的失调，给家庭生活带来这样或那样的不愉快。

其次，夫妻间要学会彼此相互欣赏。

由于夫妻双方很容易把对方的优秀品质视为当然，彼此都不在乎，他们对于对方的优点和长处渐渐习以为常。相反地，却更为敏锐地攻击那些使他们恼火的缺欠和弱点。一位妇女滔滔不绝地诉说了半小时她与丈夫之间的纠纷，之后家庭顾问温和地询问她，这个男人有没有一点点值得她高兴或是赞许的地方，这位妇女勃然大怒道：“我不是到这儿来谈他的好处的！”家庭生活专家们指出，像这样一意孤行的对立情绪很可能会把事态扩大。当婚姻遇到波折时，许多人把所有的注意力集中在引起风波的问题上。然而，这时注意力如果集中在原先促使夫妻双方相聚的积极感情上，则对解决问题有用得多。

很多夫妻，他们对于彼此间的差异都非常敏感，却经常对相似的情趣和气质熟视无睹。致使双方积怨日深，感情破裂。应用行为心理学家说：当对方说了你不爱听的话，做了你不喜欢的事时不要斥责，相反，当他（她）做了一件确实令你称心如意的事时要给以回报。反之，当发现对方某些坏的毛病之后，不要以嘲笑、讽刺、挖苦、蔑视、斥责等态度对待他（她），而应该耐心地热情地帮助他（她），使他（她）认识错误，进而改正错误。

第三，要尽可能避免剧烈的冲突。

夫妻之间发生争吵是正常现象，因为丈夫与妻子本身就是一对矛盾。因此，就少不了磕磕碰碰，不吵架的夫妻可能是较少的。既然有时吵架不可避免，那么，关键是如何对待，如何把冲突减少到最低程度。

一是不要逢吵必赢，表达了心中的不满就够了。二是不要做最后的发言人，而真理并不一定就在说最后一句话的人那边。三是坚决拒绝“重温历史”，不要算老账。四是留个下台阶的通道，招式千万别用光，以免返不回来。五是吵架是夫妻两个人的事，千万不要把外人牵扯进来。六是不要出口伤人，专拣对方痛处撒盐。七是不要用离婚或返娘家不归做要挟。

夫妻间需要有一种克制和理性的态度，也需要有一个大度、宽容的胸怀，还要有一些解决冲突、走向平和的处理办法。包括控制自己，冷静息怒，以柔克刚，以宽忍为怀，设身处地为对方着想，将心比心，学会幽默，破涕为笑，回心转意，主动认错等方法。鲁迅先生和许广平是一对感情很好的夫妇，有时闹了别扭，常是鲁迅先生叹一口气说：“唉，总怪我这个人性子急，脾气不好。”许广平听了对他一笑：“都看在你曾经是我的老师分上，否则，我真不答应呢。”于是，夫妻和好如初。

总之，夫妻间的问题不能较真儿，非要争个谁是谁非。洪昭光先生讲过他亲身经历过的一件事：他有一个心脏病病人在医院，老伴来探视他。讲到罗马尼亚总统齐奥塞斯库下台了。老头说下台好，早就该下台了。老伴说他就不应该下台，两人争得面红耳赤，结果老头犯了心肌梗死，好在抢救及时没有死，抢救费花了15000元。其实，齐奥塞斯库下台与你们何干呢？家庭不是法庭，有位法官讲，最不讲理的地方是家庭。

此外，还有婆媳关系、兄弟姐妹关系、五亲六戚关系都要同等对待，不可厚此薄彼和护短。尤其是做妻子、姑嫂的，要会替对方着想，将心比心，把一碗水端平。

三、问题管理的方法与技巧

1. 处理问题的基本原则

（1）对自己负责的原则。问题自我管理首先要对自己负责。言必行，行必果。东汉时，汝南郡的张劭和山阳郡的范式同在京城洛阳读书，学业结束，他们分别的时候，张劭站在路口，望着长空的大雁说：“今日一别，不知何年才能见面……”说着，流下泪来。范式拉着张劭的手，劝解道：“兄弟，不要伤悲。两年后的秋天，我一定去你家拜望老人，同你聚会。”

两年后的秋天，张劭突然听见长空一声雁叫，牵动了情丝，不由自言自语地说：“他快来了。”说完赶紧回到屋里，对母亲说：“刚才我听见长空雁叫，范式快来了，我们准备准备吧！”“傻孩子，山阳郡离这里一千多里路，范式怎会来呢？”他母亲不相信，摇头叹息：“一千多里路啊！”张劭说：“范式为人正直、诚恳，极守信用，不会不来。”老母亲只好说：“好好，他会来，我去做点菜。”其实，老人并不相信，只是怕儿子伤心，宽慰宽慰儿子而已。

约定的日期到了，范式果然风尘仆仆地赶来了。旧友重逢，亲切异常。老母亲激动地站在一旁直抹眼泪，感叹地说：“天下真有这么讲信用的朋友！”范式守信用、负责任的故事为后人传为佳话。

不论在生活上，工作上，还是处理问题上，一个人越是负责任，守信用，就越能成功地打开局面。

美国在营救驻伊朗的美国大使馆人质的作战计划失败后，当时的美国总统吉米·卡特立即在电视里郑重声明：“一切责任在我。”仅仅因为上面那句话，卡特总统的支持率骤然上升了10%以上。

（2）和为贵的原则。和为贵包括两个方面：一是问题的双方共同努力，把问题由大化小，由小化无，最后和平解决，互让互利；二是在群体内部从大局出发，团结一心，配合默契，使问题朝着有利于群体利益的方向转化。如今提倡建立和谐社会，人人有温饱，人人有言论自由，就能有效地化解许多矛盾和问题。

(3) 平衡利益的原则。生活中很多问题的出现，都源于利益上的不平衡。因此，我们在处理问题时，就要坚持平衡利益原则。

利益平衡是多方面的：有政治方面的平衡，有经济方面的平衡，有感情方面的平衡，有道德方面的平衡，有行动上的平衡，有言语上的平衡，有理念上的平衡，有形式上的平衡等。不论是哪方面，一旦这些利益关系失去平衡，便会产生矛盾，矛盾的激化，便成为必须处理的问题。有人讲，什么是领导，领导就是妥协、平衡，看来有一定的道理。

平衡利益有很多方式，包括欲取先予，欲得先舍，欲留先去，知恩图报等。

(4) 留有余地的原则。任何事情，不能把把弓拉得太满，否则就容易折断。留有余地，说穿了，就是要给自己留有退路，使自己立于不败之地。即进攻时要想到退却，包围敌人时要想到敌人的反包围，乘敌之虚时要想到自己之虚。

不能求得生存的条件，就谈不上发展；没有看清退路的进攻，是危险的进攻。能制人而不制于人，是善谋者。一策出，成则于自己有利，不成则于己无害，这是一种进退有据的两全之举。

留有余地包括为对方留有余地，为自己留有余地，否则没有退路，问题就成了死结，于人于己都不利。

(5) 宽容的原则。宽容大度，是一种韬略，也是一种胸怀，度量如海，还是度量如杯，在关键时刻，可以关系到一个人处理问题的成败。为一点小事斤斤计较，争吵不休，既伤害了感情，影响了友谊，也无益于成就大事。因此，摒弃个人成见，不为区区小事争斗，不为炫耀自己去贬低他人，而是以较大的度量、谅解的态度对待别人，化干戈为玉帛，以高风亮节忍住最容易暴发的激动情绪，这样就可能赢得时间，矛盾也可能得到化解，问题也容易得到解决。

“百川入海，有容乃大。”意思是说，千百条河流之所以能流入大海，是因为大海有兼收并蓄的宽大胸怀。无论古今，无论政坛还是商海，都要能够容人，能够容纳不同意见的人，才能使事业兴旺。

(6) 平等的原则。处理问题就像踩平衡木一样，一旦失去平衡，就可能跌倒在地。所以，我们在处理问题时一定要有平等观念，坚持平等原则，力争使处在问题或矛盾中的每一方都能获得一定的尊重和心理平衡。须知一个问题可能涉及方方面面的人或关系，每一方可能都会在问题中互不相让，据理力争，甚至没理也要搅三分，企图获得一些好处。在这种情况下，处理问题不能感情用事，不能产生偏袒心理，要一视同仁，力求把一碗水端平，让每一方都受到尊重，受到关爱。所谓平等，主要指人格上的平等、方法上的公道和标准上的统一。

人格上的不平等，是人最不能容忍的。

1995年3月7日下午3时，珠海工业区一家电子有限公司6楼车间的120多名中国工人们终于盼到了10分钟工休时间。头天晚上加班到凌晨两点多的工友们，竟为短暂的10分钟工休，激动得忘了韩国女老板定下的“铁纪律”，休息时一律排4队离开车间。他们有的匆匆往厕所跑，有的倒头趴在工作台上打瞌睡。岂料，刚休息5分钟，便被女老板的吼叫声惊醒。她哇哇地大叫，首先让生产线管理人员站在车间门口，让工人们像投降般地举起双手。接着又气急败坏地命令大家：“跪下！全体都跪下！”

此时有一女工不服，女老板猛地冲到这位女工面前，强行让她跪到地上，并恶狠狠地说：“若有一个不跪下，让全车间人员就这样永远地跪下去。”

在长达10分钟的罚跪过程中，工人们想到自己抱着对特区美好的梦想，来到珠海，没想到受到这等侮辱，此时他们以泪洗面，哭声一片……

这是何等屈辱的场面！

然而令人振奋的是：就在跪下的黑压压人群中，有一个小伙子却倔犟地站立着。他大声质问女老板：“凭什么叫我跪下？”女老板被激怒了，她没想到竟敢有人“冒犯”她。她声嘶力竭地吼着：“滚！”这位小伙子没有屈服，他怒气冲冲地踢开凳子，撕掉挂在胸前的厂牌，大踏步地走出了车间。消息传出后，舆论大哗。人们在义愤填膺地指责这个韩国女老板的时候，并没有忘记那位唯一不肯屈膝跪下的小伙子。

他叫孙天帅，是河南邓州市小林镇王河村人，今年24岁。有人问他为什么能这样做？他回答说：“当时，我啥也没想，就是不能给她跪下。我是中国人，死也不能跪！”

对此，著名作家梁晓声在给北大学生作报告时，动情地说：“中国青年都应该像孙天帅那样，站直了，别趴下！”

孙天帅所以不被侮辱，就在于他心里有条平等原则，韩国女老板是人，打工仔也是人，人与人是平等的，人与人没有什么高低贵贱之分，只有社会分工不同。

（7）公道的原则。公道是以自己的公正态度去影响对方，对方如果感到你对他的态度是公正的，态度就会被软化。公道的态度一般表现为说到做到，理智对待自己，客观理解对方，不武断，不偏激。公道的要求是平等，平等的要求是标准必须统一，标准不统一，一人一杆秤，一人一把尺，是不可能公道的。

比如作为领导者，在处理两个上班迟到的员工时，惩戒的尺度应该是一样的。批评了甲，也同样应该批评乙，倘若采用经济处罚的手段，也同样要坚持统一标准的原则，不能扣甲5元钱而扣乙10元钱，这样处理问题肯定是不公平的。

在这个世界上不论做什么都是有标准的。做人有标准，做事有标准，处理问题也要有标准。

2. 处理问题的八大方法

著名科学家钱学森说："世界上最有用的知识是什么，我认为是方法，有一本《方法》杂志，它会告诉你各种各样的方法。"张培驰在《怎样提高处理问题能力》一书中，介绍了八种方法：

（1）锯箭法。相传有人中了箭，请外科医生治疗，医生将箭杆锯下，即索谢礼。问他为什么不把箭头取出。他说，那是内科的事，你去找内科好了。这则故事看起来是一段笑料，其实它是一种较好的推托方式，有些急事难事在你的工作范围和能力之内解决不了，可以采取锯箭方式，千万别揽在手里既耽误了他人的事，自己也吃力不讨好。

（2）补锅法。做饭时锅漏了，请补锅匠来补。补锅匠一面用铁片刮锅底煤烟，一面对主人说："请点火来，我烧烟。"他趁主人转背的时候，用铁锤在锅上轻轻地敲了几下，那裂痕就增大了许多，等主人转过来，就指给他看，说道："你这锅裂痕很大，上面有油腻了，看不见，我把锅烟刮开，就现出来了，非多补几个钉子不可。"主人低头一看，很惊异地说："不错，不错！今天不遇着你，这个锅恐怕不能用了！"等至补好，主人与补锅匠皆大欢喜。

某市公安干警小余为了侦查走私集团主犯，为跟踪而登上开往重庆的客轮。船到三峡时，旅客们纷纷走出船舱，观看两岸奇秀景色。

走私犯也走了出去。为了监视住罪犯的旅行箱，小余装成看书入迷的样子，独自一人留在舱内。过了一会儿，一个妖艳女郎走进船舱，见舱内只有小余一人，便笑哈哈地走到他面前，突然脸色一沉，一把扯开自己的衬衣纽扣，压低嗓门对小余说：

“快把钱包给我，否则我要喊人了，说你耍流氓调戏我！”

面对这一突如其来的情况，小余惊住了。他想出示证件制伏这个女流氓，但这样做自己的身份就暴露了，跟踪任务就无法完成。若不暴露自己，眼前这个情况又难以对付。突然他想到自己上船以后还没有说过一句话，心生一计，便打着手势，嘴里哇哇叫着，并用笔写道：“我是聋哑人，不知道你在讲什么。”那女人一下子愣住了，看着屋里没人，也在纸上写下了自己的讹诈要求。小余立即把纸条夺过来，往自己口袋里一塞，突然站起来说：

“你快给我滚出去，不然我把纸条交给乘警！”

女歹徒只好悻悻离去。

小余在进退两难的时候运用装聋作哑术，巧妙获得对方讹诈的证据，一下便将对手制伏，达到了“补锅”的目的。

(3) 冷处理法。冷处理的要旨不是不处理，而是在处理时机不成熟或不宜主动明确处理的情况下，采用一种暂且“冷冻”、“搁置”的处理手段。

冷处理的最大特点就是使问题降温，使彼此的情绪从激动状态中冷静下来，其间可以用时间拖延的办法使问题冷却。常用的办法之一是沉默，沉默是金，沉默可以避免冲突升级，火上添油；办法之二是推托，其基本含义是对出现的许多问题，不宜采取直接处理措施，而是利用时空的自然跨度，以及情景的发展变化，促使问题自行解决；办法之三是装糊涂。故意糊涂一点，是聪明的最高境界。糊涂一点不是不闻不问，麻木不仁，而是大智若愚，宽容大度，藏巧于拙。

(4) 热处理法。在生活中，经常遇到防不胜防的窘迫急事，需要立即处置，当机立断，为此需要急中生智，化险为夷。据说周恩来总理一次宴请东欧一位外交使节，一道传统的民族菜中有个民族图案“卐”字形，外宾大吃一惊，忙问总理：“怎么菜中有个法西斯标志？”总理马上解释道：“这不是法西斯标志，而是中国的一个‘万’字图案，是‘福寿绵长’的意思，这是对客人的良好祝愿。”

接着，周总理又幽默地说：“就算是法西斯标志也无妨，我们大家一起来消灭法西斯，把它吃掉！”客人听了哈哈大笑，这道菜被一扫而光。

（5）硬处理法。即对无理的语言、行为和要求，可以采用强硬态度处理，使其无话可说，无可辩驳。据说，爱国将领冯玉祥在过60大寿的寿宴上，有人送来一封信，冯拆开一看，是一颗子弹。信中警告他不要同共产党来往。冯玉祥轻蔑一笑说：“来而不往非礼也。”边说边把装有子弹的信封好，另附短函一封，一并送给了他的结拜兄弟蒋介石。蒋介石拆开一看，只看信上写着：“收到一封奇信。古人云，奇文共欣赏，疑义相与析。我不敢独赏，特奉献贤弟一阅。”老蒋哭笑不得。

（6）软处理法。软处理法是一种迂回曲折的处理方法。在日常交往中，总会有一些不便说、不忍说、或者语境不允许直说的话题。需要把“词锋”隐遁，或把“棱角”磨圆一些，使语意软化，便于听者接受。许多交际实践证明，委婉语言不仅是必需的“缓冲”，而且是重要的“溶化剂”，同时也反映了说话人的涵养和刚柔相济的形象。

（7）糊涂法。郑板桥手书的“难得糊涂”条幅之所以俏销，不仅是因为他的书法水平，更是因为他的处世哲学。人际交往，装傻可以为人遮羞，自找台阶；可以故作不知达成幽默效果；可以假痴不癫迷惑对手。

作为一个人，尤其是作为一个有才华的人，要藏而不露，不要太张狂，太咄咄逼人，要养成谦虚让人的美德。所谓“花要半开，酒要半醉”，凡是鲜花盛开娇艳的时候，不是立即被人采摘而去，就是衰败的开始。人生也是这样。当你春风得意时，不可趾高气扬，目空一切，不可一世，这样你不遭别人当靶子打才怪呢！所以，无论你有怎样出众的才智，一定要谨记：不要把自己看得太了不起，不要把自己看得太重要，不要把自己看成是像救国济民的圣人君子似的，还是收敛起你的锋芒，夹起你的尾巴，掩饰起你的才华吧。

“醉拳”之厉害，在于一个“装醉”，表面上看来跌跌撞撞，歪歪倒倒，踉踉跄跄，不堪一推，而其实呢，醉醺醺之中却杀机暗藏，就在你麻痹大意之时，却挨上了“醉鬼”的狠招。真醉和装醉是完全不同的两种情况，愚者和装愚者是迥然相异的两种人。玩“醉拳”的，是“形醉而神不醉”，“醉”是“醉”在“虚”处，是迷惑对手，而“拳”却击在“实”处，招招致命。装愚的，是“外愚而内不愚”，

"愚"是"愚"在皮毛小事，不涉宏旨，无关大局，而"精"却"精"在节骨眼上。

与领导交往中最主要的技巧是适时"装傻"，保持谦虚，不露自己比领导还高明，更不能轻率地纠正对方的错误。

(8) 忍耐法。20世纪80年代末，一些青年喜好在自己居室的墙壁上挂上一个大大的"忍"字。撇开赶时髦和某种颓丧的心态不说，单这个"忍"本身，的确是大有学问的。无论是生意场上、情场上还是战场上，不通"忍"术，就不可能做出冷静的决策。

在反败为胜的过程中，"忍"字的作用不可低估。保持冷静需要忍，韬光养晦需要忍，撤退避敌更要忍。拿破仑以自己的亲身经历总结说："如果勇敢是士兵的第一品德，那么忍耐则是第二。"

人们常说："忍是心上一把刀。"小不忍则乱大谋。大凡古今成大事者，当他们处于不利环境时，都曾克制忍让过。清人辛启泰有这样一句话："不能忍，则不足以任败；不任败，则不足以成事。"意指不忍受一时的挫折，就经不起失败的考验，经不起失败的考验，就不能获得最后的成功。他在这里鲜明地将"忍"与反败为胜连在了一起。

"忍让"比退却的含义又深了一层，它不只适用于军队陷入困境，打了败仗的时候，也适用于人生遇到挫折，不得意的时候。

人们常用"君子报仇十年不晚"这句话来劝说那些受到了很大的冤枉或怀有深仇大恨的人。很明显，这中间包含了从长计议的意思。仇是要报的，失败是要挽回的，不过眼下则必须咽下这口难咽的气。要知道，忍让是暂时的，没有今天痛苦的"退"，哪有明天扬眉吐气的"进"？

韩信落魄之时，有杀猪匠逼着他钻裆而过。韩信强忍怒火，俯首听命，躲过了一场大难，日后才拜将封王，名留千古。

此外，还有智胜法、勇胜法、谎言法等。

3. 处理问题的六大技巧

处理问题的技巧很多，主要有思辨的技巧、沟通的技巧、洞察的技巧、心理技巧、语言表达技巧、幽默技巧等。

(1) 思辨的技巧。拿破仑·希尔在他的成功哲学中告诉我们，人类最大的天赋，就是思辨的能力，没有经过思辨的人生是失败的人生。成功是一种思考的积累。思想有条理的人，必能判断正确，从而做出高明的决定；同时思想有条理的人，能以简明方法，促使别人更了解自己。

管理，乃三分管，七分理。理就是要学会思辨。思辨包括四个层次：

第一，考虑问题的起因——为什么。当问题出现后，大脑思维的第一个反应就是“为什么”、“怎么回事”，应该从多角度多层次分析问题的原因，抓住了问题的症结后，再针对不同问题，采取不同的处理方法。

第二，考虑问题的结果——怎么样。一个问题出现后，其结果会怎样？这个结果对自己有利还是无利？聪明的人看问题往往入木三分，一眼见底，失察的人则往往大意失荆州，结果落入别人圈套。

第三，考虑问题的本质——抓焦点。哈佛大学商学院在讲述战略思维时，提出战略家要善于“当头棒喝”，即遇见问题时，一定要明辨其本质，针对不同用意的问题，采取不同的处理方法。现实生活中有很多人不谙此道，捡了芝麻，丢了西瓜，甚至芝麻也颗粒无收。

第四，考虑问题的各种可能性——发散思维。问题出现不是单一的，要逐一排除各种疑点，从中选择一个正确的适用的方案。

(2) 沟通的技巧。沟通是理解，是期待，是协调，是尊重。

沟通需要真诚，需要赞美，需要宽容，需要互动。

如果从解决问题出发，沟通需要以理服人，以情动人；沟通需要善解人意，善听人言，善解人情，所有问题都会迎刃而解。否则，一相情愿，沟而不通，解决不了问题。

(3) 洞察的技巧。“月晕而风，石润而雨。”任何问题的发生，祸福的降临，都会有预兆。处理问题要善于抓住问题的蛛丝马迹，善于通过表面上显露出来的一些不易被察觉的现象，看出问题的本质；善于从问题的苗头上把握问题的发展趋势，从而为解决问题打下基础。

在洞察过程中还要善于以小见大，见一斑而窥全豹。在美国曾发生过这样一桩事。一位大学女校长突然从银行取出了自己所有的存款。几天之后，这家银行倒闭了。很多人都十分纳闷不解地问她为何有这种先见之明。后来这位女士说，有一次她与人打牌，这家银行的总经理也在座。她发现这位经理服饰相当讲究，甚至指甲都经过高级美容店的精心修整，而且对赌钱很感兴趣。她当即感到，自己的存款有化为乌有的危险，因为一个事业心很强的男人是不会花费这么多精力和钱财来修饰自己的。

（4）心理技巧。第一，冷静的心态。处理问题，要有一个冷静的心态。即无论何时、何地、何种情况，发生何种问题，都能稳如泰山，不急不躁；决不能心血来潮，盲动蛮干，贸然行事。所谓“临危不惧，处变不惊”就是这个道理。

第二，平和的情绪。在现实生活中，有很多问题的出现，往往都是出人意料的。越是这种情况，越需要一种平和的心态，做到泰然处之。只有心绪平和，才能保持冷静的头脑；只有冷静的思考，才能做出相应稳妥的决策，使问题得以妥善解决。

第三，稳重的气质。处理问题，不论是置身事外，还是置身事中，不论是对上级还是对下属，都应该不卑不亢，保持一种成熟的态度和稳重的气质。当然，这种稳重的气质，不是傲慢，不是目无尊长，更不是目无法纪。它是一种精神，一种胜不骄、败不馁的精神，是一种不论在任何情况下都能保持旺盛斗志、不断进取的精神，是一种既不怕担责任，又不推卸责任，既不奴颜婢膝，也不盛气凌人的品质。

被称为“拓荒牛”的原深圳蛇口工业区党委书记袁庚，在涉外经济活动中，善于同外商斗智周旋。一次，袁庚出访某国，与某财团谈判，要在蛇口工业区合资经营新型浮法玻璃厂。对方恃其技术设备先进的优势，向我方漫天要价，谈判陷入僵局。一天，某财团所在的市商会邀请袁庚发表演讲，袁庚不卑不亢的精彩演讲，赢得了与会者的热烈掌声，也促使这一财团在以后的谈判中，愿意降低专利费，与我们携手合作，双方由此达成了近亿美元的合作项目。

第四，宽广的胸怀。处理问题，必须有一个宽广的胸怀，不论是对亲人、对朋友，还是对陌生人或对仇人，都应该做到能容人时则容人，得饶人处且饶人。心胸狭窄的人干不了大事。

（5）语言表达技巧。语言技巧的能量是无穷的。“一言可以丧邦，一言可以兴邦”；“一句话说恼，一句话说笑”。在处理问题的过程中，掌握语言技巧至关重要。

第一，要把握好分寸。大凡在事业上行得通，在社会上吃得开的人，都是语言表达的高手。

语言上如何把握好分寸，主要策略有：处理问题要因人而异；要不失时机；要善于创造氛围。

所谓因人而异，即对不同的人采取不同的讲话方式，注意摸准对方的脾气秉性，当强则强，当弱则弱。

所谓不失时机，就是善于抓住最佳地点、最佳时间、最佳气氛，及时利用外部环境，把话说在最有利于处理问题的关键的节骨眼上。如有的人在他乔迁之喜送去一副他喜欢的珍贵的楹联，多少年的积怨就可能一笔勾销。据说，尼克松首次来华访问拜见毛泽东主席时，有人给他支了三招：其一，不要与他争论，你是争不过他的；其二，不要赞扬他个人，要赞扬他领导的祖国和人民；其三，要称赞他的诗词，最好能送上一本英文版的毛泽东诗词选。这三招果然灵验，毛泽东在接见尼克松时，尼克松的准备招招应验，毛泽东主席乐不可支（见《尼克松访华回忆录》）。

所谓创造氛围，是要注意选择适当的环境和气氛，借以打破僵局，说服对方，达到处理问题的目的。通过朋友聚会，领导请客，相机化解往日的隔阂。

第二，要坚持以理服人。语言的力量，主要是靠严密的逻辑来说服人，有理有据，无懈可击，才具有无可辩驳的效力。常用的方法有：用引经据典的方式处理问题，让人心悦诚服；用剥笋的方式，由浅入深，层层剥皮，引导被说服者由不理解、想不通，一步步走向理解和悦服；用晓之以利害的方式处理问题、趋利避害，指明方向，对方比较容易被说服。

第三，重视语言的曲直技巧。处理问题时，有时要直言其事，有时需曲道而行。在充分掌握对方情况的前提下，可以抓住要害单刀直入，直接触及问题的实质，使对方失去平衡。曲言是把大道理包含于不显露的语言之中，让对方去领会，同直言相比，这种方法可以给对方留下思考的余地，也为自己留下回旋的空间。

曲直语言技巧主要有实话实说法、关键“点穴”法、隐语暗示法、反语进言法、不言不语法等，实话实说法要求尊重事实，该怎样说就怎样说。在某种情况下，可能犯上而招祸，但是以实相告，却体现了为人的正直无私和忠诚。唯其如此，才能得到他人的信任。花言巧语，阿谀奉承固然可以博取别人的欢心，但只能欺瞒于一时，而不可能欺瞒于长久。

关键“点穴”法要求一语中的，针对对方思想上的症结加以点破，使其无话可说，不得不做出让步。

隐语暗示法是不把本意直接说出，而是借别的词语或手势动作做出暗示。隐语不但可以把话讲得生动、脱俗、婉转，而且容易引起对方的注意和兴趣，易为对方接受，也易于使问题中的矛盾不至于太露骨和太激烈。

楚庄公即位三年，不理朝政。成公贾进宫规劝他。庄公说："我禁止臣下进谏，你来干什么？"成公贾说："我不敢进谏，只想和您猜猜谜语。"楚庄王说："那好。"成公贾说："有一只鸟，停在南方山上，三年不动，不飞，不叫，这是什么鸟呢？"楚庄王猜道："有一只鸟，停在南方山上，它三年不动，那是为了磨炼坚定自己的意志；它三年不飞，是为了练好自己的翅膀；它三年不叫，是为了考察如何才能调动百姓。这鸟虽没飞，一旦飞起，就将冲天而上；虽没叫，一旦叫起来，就会一鸣惊人。贾，你出去吧，我知道你的意思了。"第二天，庄公临朝听政，当即提拔了五人，贬斥了十人。大臣们都很高兴，楚国百姓也互相祝贺。

成公贾用隐语暗示的方法达到了劝谏的目的。

反语进言法是在正面劝说不一定有效的情况下而采用的方法。反语不在于多，而在于精，只要能让对方听懂你的意思就可以了。反语必须幽默风趣，气氛必须轻松，使别人生不起气来，心甘情愿地接受你的规劝。如果态度生硬粗暴，只能引起对方的愤怒，其效果适得其反。

不言不语法是指人们在处理问题时不可乱说话，该说则说，不该说不说。有些问题，用不吱声的办法处理，效果会更好些，正如白居易《琵琶行》所说："此时无声胜有声。"有一个林肯息怒的故事：

1863 年 7 月，美国北方联军打了一场漂亮仗，迫使南方军队溃败。7 月 4 日晚，败退的南方军队被一条突然涨满洪水的大河阻挡住了去路。此时，后面的追兵已经逼近，南军陷入绝境。总统林肯立即命令联军前线指挥官米德将军抓紧战机，即刻进击南方军队。米德将军没有听从林肯的命令，因召集军事会议而延误了作战时机，使得已成瓮中之鳖的南方军队趁水退之机安然脱逃。林肯得知消息后大怒，在深深的失望中，他给米德写了一封信。在信中他指出了这次战役的重要性及贻误战机所造成的严重后果。在信的结尾林肯写道："你的良机业已失去，因为这个，我无限地伤痛。"这是信中最严厉的话。但是米德从未见到这封信，因为这封信林肯并未发出。

林肯为什么没有发出这封信呢？原来大怒之后写封信，是他的息怒妙法。他曾对部下说："每次当我发火时，我就尽情地写封信发泄，发泄完之后，就把它扔了。发怒写信容易情绪化，甚至有失公允。这是林肯从自己的痛苦经验中引出的教训：尖锐批评、斥责，将会引起恶感，于事无补。

（6）幽默的技巧。幽默谈吐，不仅能反映出雄辩的口才、敏锐的聪慧和机智，而且也能表现一个人的胸怀和大度。据说如今女孩找男朋友，其中一个标准是看他幽默不幽默。

不论是平时为人处世，还是涉及各种社会问题；不论是面对生活的尴尬和困窘，还是面对各种斗争的磨砺和挑战，幽默均能将其化解为一种人生的洒脱和胸怀的坦荡。

与人交往时，幽默的谈吐可使你坦然面对人生的得失和沉浮；陷入尴尬时，幽默的谈吐可以自我解脱，轻而易举地走出苦恼与难堪；遭人揶揄时，幽默的谈吐、微笑反击，既可入木三分，又能轻松摆脱嘲弄和贬损。

总之，幽默既是一种口才，又是一种机智，一种胸怀。

思考题

1. 如何善待问题？试举例说明。

2. 处理问题有哪些方法？

第六讲 管理好你的情绪

——做一个有修养的人

名人名言

- 在我们生命中的每一天，每个人首先面临的就是情绪管理。

——[美] 演说家 戴尔·卡耐基

- 脾气来了，福气没了。

——无名氏

- 能控制自己情绪的人，是命定的领导之物。他们之所以被选出来管理别人，因为他们能控制自己的情绪。

——[英] 哲学家 培根

- 重视听一听自己内心的声音。先处理心情，再处理事情。

——边哲

情绪是人对客观事物的态度体验及相应的行为反应。情绪是一种非常个人化的东西，像雨又像风，来无影去无踪，变化无常，难以捕捉。在通常情况下，不良情绪会使人变得脆弱，心情沮丧。我们每个人的心灵深处都有某种不良情绪，它渗透于我们的生活与工作中而我们却不自知。管理好自己的情绪首先要唤醒自己对情绪的认知，进而改善自己与工作场所各种情绪的关系。过去，我们把自己的情绪深埋在心底，压抑和忘却了它的存在，我们剥夺了自己在职场中应有的活力、热情、快乐与创造力，从而失去了很多重要的信息和机会。我们不懂得利用情绪反应来传递信息，去帮助自己在瞬息万变和日趋混乱的环境中做出明智的决定。

案例6-1 安妮的平衡法则

安妮有个生命平衡法则，用来制衡工作与生活。她将生命分成健康、时间、自由与快乐四块，视个人状况分配比重与排序。如果每个元素都不缺，反映到工作中的态度与情绪，就比较平和，因而获得了适当的平衡。一个人情绪处在平衡中，就能积极正向思考，调适工作压力，清除不必要的情绪，减少倦怠感。

如果将事情弄得很糟时，她的做法是，只允许情绪低落一小会儿，很快就换个想法，太棒了！或许尝试其他处理方法。如果感到莫名的倦怠迫在眉睫，而休假又遥遥无期，试着忙里偷闲吧。比如偶尔请半天假，到街上晃晃，逛书店或找个清幽的咖啡店想事情。在忙碌中给自己留点空间，因为把自己塞得太满容易窒息。

她告诉自己：简单，就会快乐。

最好的东西都是最简单的。例如：微笑是最好的生活态度；

运动是身体的最好调养。克服工作倦怠也可以很简单，将想法转个弯，然后行动。

（根据宿春礼编著《非权力影响力的7课堂》改编，经济管理出版社，2006年1月）

这则故事不禁使我想起英国哲学家培根的一句话："能控制自己情绪的人，是命定的领导之物。他们之所以被选出来管理别人，因为他们能控制自己的情绪。"

我们所处的时代是一个节奏日益加快、情绪极易失控的时代，受"感情"支配的机会较多。有不少人在遇到感情挫折、情绪困扰时，就是想不开、钻牛角尖，以致怒火中烧，逼自己走上极端。有个失学青年无所事事搞帮派，为了抢地盘，才19岁，竟把昔日同学砍死；而一名女研究生，为了博士班的男友，便把同班好友（情敌）用化学药剂害死；也有一位父亲暴怒失控，一巴掌把小女儿打得耳膜破裂，造成终身耳聋！

残酷的"情绪失控"案例提醒我们：现代人需要加强"情绪管理"。人必须懂得EQ中最重要的"情绪忍受力"。我们不能让自己处于情绪失控的状态，要懂得"让情绪换跑道"。在生气时，一定要"先处理心情，再处理事情"；不要急着说，不要抢着说，而是要想着说！我们不能让自己的情绪只有"幼儿园的程度"，切记人活着，不是要"斗气"，而是要"斗志"；不是要比"气盛"，而是要比"气长"；不是要"争一时"，而是要"争一世"。

一、"脾气来了，福气没了"

1. 情绪是通往心灵的大门

每个人生活在这个世上，都希望能"率性而为"，想哭就哭，想笑就笑，想生气就生气，想怎么样就怎么样，但这能做到吗？除非这世界上只剩下你一个人。那些不顾别人感受，不能控制自己情绪的人，人际关系往往很差。谁愿意和一枚隐性炸弹待在一块儿呢？不控制自己的情绪，久而久之，就会养成一种任性的毛病。拿破仑统兵百万，所到之处战无不胜，攻无不克，但他也承认"我就是胜不过我的脾气"。情绪不正常往往会影响你的判断力，一旦决策失误，你必然就要承担失败的后果。

情绪包括消极情绪和积极情绪。生气、悲伤、郁闷、恐惧等属消极情绪；快乐、高兴、喜悦等属积极情绪。一般来说，积极的情绪能使人精神焕发、催人奋进；消极的情绪则使人意志消沉、委靡不振。

情绪的产生不是空穴来风，无缘无故的，很大程度上是受外界因素的影响而引起的。

一是人与事的碰撞。当朋友久别重逢，激动得热泪盈眶；见到自己深爱的恋人，不禁欢呼雀跃；而见到自己讨厌的人，心情就坏了一大半。成功带给人们喜悦，失败留给人们痛苦；亲情、友情、爱情让人感到幸福和快乐，失去亲人、朋友让人悲痛万分。

二是自然现象的反射。当我们看到一些美丽的自然景观，如草原、大海、高山，心情自然而然就会变得很愉快；而看到枯枝败叶、残花乱草，情绪就失落了许多。《红楼梦》中的“黛玉葬花”就是描写弱不禁风的林黛玉面对花草凋零，不禁黯然泪下，表现出一种多愁善感的情绪。

三是自身的生理变化。生理的变化也会影响我们的情绪。身体疼痛让我们痛苦不堪，生理缺陷更像恶魔一样困扰着我们。

但是客观事物并不能直接决定你的情绪，因失恋深陷痛苦中的人，无论多美的景观也提不起他的兴趣。人的情感是依人的需要是否得到满足而发生变化的，凡是符合人的需要的客观事物，就会引起肯定的情绪；而不符合需要或阻碍人的需要的客观事物就会引起否定情绪。

知道了情绪的产生，我们就能掌握情绪的变化规律，从而征服它。

2. 影响情绪的 11 种非理性信念

心理学家发现，从认知情绪和行为产生的本质来看，愤怒、悲伤、忧郁和焦虑等一些不良情绪的产生，并不完全是由外界的刺激引起的。真正使我们产生不良情绪的恰恰是我们的一些不好的信念和自言自语。为此，心理学家总结了 11 种非理性的信念，这些信念使我们陷入痛苦之中而不能自拔。改正了自己的不正确的想法，就可以使自己在很大程度上从痛苦和情绪压力中解脱出来。

（1）我必须受到几乎所有的、对我而言有重要意义的人的喜爱和认可。如果不是这样，那就糟糕透顶，我不能忍受，我真没有用！这是一种典型的低自我接纳和低自尊的表现，严重时会产生焦虑和抑郁的不良情绪。

(2) 我必须是一个全能的、独当一面的人，在所有重要的方面都必须获得成功，那样才有价值。这是一种完美主义的倾向。追求完美是一种美德，但是如果走向极端必然会成为一种负担。

(3) 这个世界必须是公正的。人们必须公正而周全地做事，否则他就是一个邪恶的家伙，必须受到严厉的谴责和惩罚。持有这种信念的人具有非常强烈的"是非观"，他们坚定地认为，邪恶必然受到严惩，正义永远是胜者。作为一种道德观念，这是无可挑剔的，但是如果认为世界就是这样的，则是一种非理性的想法。

(4) 如果事态的发展并不像我预期的那样，那将是糟糕透顶的，不能容忍的。

(5) 我对自己的消极情绪（如焦虑、愤怒和抑郁等）无法控制，因为这些情绪是由外部事件决定的。

(6) 如果某种事情是危险可怕的，我就应该持续不断地为此而烦恼，并应该仔细地考虑它在什么时间发生。为此，我不会放心。

(7) 逃避现实比直面生活中的困难和承担生活中的责任更加容易一些，于是我选择逃避。更大的困难会压得自己喘不过气来，在采取措施改变困难的时候，我可能会非常痛苦，因此，我必须等待。

(8) 我对别人非常依赖，需要一个比我强的人做后盾，否则我的生活会很难过好。

(9) 我过去的经历是引起现在情绪和行为的主要原因；这些经历将永远影响着我。精神分析学派和大众传媒经常持有这种观点，即一旦某个人受到伤害（特别是生命早期的伤害），那么他一定会深受其害。

(10) 如果我关心某人，那我就应该对他遇到的问题和烦恼而感到焦虑、愤怒和忧郁。

(11) 对我而言，所有的问题几乎都有一个正确而完美的解决办法。如果找不到这样的办法，就是非常糟糕的。

上述 11 种非理性的信念又可以概括为"三种必须"和"五种荒诞联结"思维定式。"三种必须"是"我必须，你必须，我周围的环境必须"；"五种荒诞联结"是"糟糕透顶；我不能忍受；指责和谴责；我真没用；'总是'和'从不'"。如果这种思维方式不改变，强加给别人会伤害了对方；强加给自己则会导致毁灭性的自我否定。

二、省视你的失控情绪

在日常生活中，我们牵挂太多，在意得失太多，弄得我们的情绪总是跌宕起伏，总是不快乐。在生气之际，我们如能多想想："我不是为了生气而工作的"、"我不是为了生气而教书的"、"我不是为了生气而交朋友的"、"我不是为了生气而娶妻的"、"我不是为了生气而生儿育女的"，那么我们就会为我们烦恼的心情辟出一片新的天地。有一位金代禅师非常喜爱兰花，在平日弘法讲经之余，花费了许多的时间栽种兰花。有一天，他要外出云游一段时间，临行前交代弟子：要好好照顾寺里的兰花。在这期间，弟子们总是细心照顾兰花，但有一天在浇水时却不小心将兰花架碰倒了，所有的兰花盆都跌碎了，兰花散了满地。弟子们都因此非常恐慌，打算师父回来后，向师父赔罪领罚。

金代禅师回来了，闻知此事，立即召集了所有弟子，不但没有责怪他们，反而对他们说道："我种兰花，一来是为了用它供佛，二来也是为了美化寺里的环境，不是为了生气而种兰花的。"

金代禅师说得好："不是为了生气而种兰花的。"而禅师之所以如此看得开，是因为他虽然喜欢兰花，但心中却无兰花这个障碍。因此，兰花的得失，并不影响他心中的喜怒。如何应对失控情绪，孙健敏等在《压力管理》① 一书中介绍了许多方法。

1. 观察自己的情绪

控制情绪的第一步就是要提高自己对情绪敏感性。当自己出现情绪反应时，争取在第一时间觉察到警告的信号，这样可以保证足够的预警时间。否则，就会像火灾一样，当火势蔓延到难以控制的地步时，也只有任其发展了。通过表 6–1 可以观察到自己情绪的改变，提高自己对情绪的敏感性。

首先要确定你想记录的某些基本情绪，并密切关注你的情绪。然后记录你选定的情绪的每日的平均水平。应该注意，在记录表的备注中写下某些注解或者描述，将有助于你更好地理解自己的情绪。

① 孙健敏、徐世勇编著：《压力管理》，企业管理出版社，2004 年 1 月。

表 6-1　焦虑、愤怒和抑郁日常记录表

用 1~10 之间的数字来代表你每日情绪的平均程度。轻微情绪对应 1~3，中等情绪对应 4~5，强烈情绪对应 6~8，严重情绪对应 9~10				
日期/时间	焦虑	愤怒	抑郁	诱发原因

资料来源：转引自孙建敏、徐世勇编著：《压力管理》，企业管理出版社，2004 年 1 月。

2. 质疑非理性信念

对待非理性信念情绪仅仅靠观察是不够的，应该学会对自己的非理性信念进行驳斥。成功的驳斥和根除非理性信念，对于调控自己的情绪是非常必要的。检查一下你的非理性信念，并用自言自语的方式驳斥它们。在驳斥过程中，应该注意以下策略：

一是逻辑化的策略。这些信念是合理的、明智的、合乎逻辑的吗？

二是以事实为根据的策略。这些信念是建立在现实事件和观察的基础上的吗？

三是实用性策略。这些信念在实现目标的过程中是有用和实用的吗？

四是替代的理性策略。有没有更加理性的信念用来“灭火”呢？

通过反思和驳斥有利于矫正自己的情绪，使自己变得更冷静，更理性。

3. 有效控制失控情绪

俗话说：“解铃还须系铃人。”情绪失控是自我造成的，控制情绪也完全在于自己的拿捏和掌握。

（1）先解决情绪问题，再处理实际问题。我们所遇到的问题分为两类：实际问题和情绪问题。实际问题是面对他人与外部世界时所遇到的困难和冲突。如工作业绩差、与上司关系恶化、与客户约会迟到等。情绪问题往往是由实际问题产生的不愉快的感受和烦恼，包括焦虑、愤怒、烦恼、恐惧、忌妒等。因此，必须先针对实际问题解决它所产生的情绪困扰，然后再解决实际问题。这样的顺序非常重要。

我们每天都在感受着紧张和压力，这些紧张和压力可能源于实际问题，也可能源于由于实际问题引发的情绪问题。只有当我们平息、解决好由于实际问题引发的情绪问题之后，我们才能够更好地解决实际问题。

心理学家指出，当你在生活中遇到种种令人烦恼的问题时，应该首先问自己，哪些是实际问题，哪些是焦虑、害怕、愤怒、恐惧等情绪问题。表 6–2 可以帮我们进行对照分析。

表 6–2 问题分析表

实际问题	情绪问题（你的感受）
● 一位员工与你顶嘴	● 生气
● 一位朋友在宴会上不理睬你	● 失望
● 上班高峰一辆车撞坏你的车	● 愤怒
● 老板雇用了一个很有能力的人与你一起工作	● 对工作恐惧和焦虑
● 你的汽车不能发动，上班可能会迟到	● 挫败感

资料来源：［美］林恩·克拉克著，姚梅林等译：《救助情绪》，北京师范大学出版社，2002 年 3 月。

（2）为情绪问题确立目标。当面对令人失望的情境时，你的感受如何，你会怎么做？为你确立一个恰当的目标，即面对现实困难应该如何感受、如何行动。

一个可行的办法是选择一个积极的榜样。想一想你所钦佩的人，他是如何有效地处理那些挑战性的、具有巨大压力的事件，而没有产生过度的情绪反应的。去模仿这些人的行为方式和理性信念体系，不要崇拜那些动作片里所谓的“英雄行为”，在现实生活中，它会给你带来恶果。

另外一个办法是对自己的正确行为给予正强化。起初你可能是在模仿你的榜样，如果模仿成功了，别忘了奖励自己一下，慢慢地，你就会惊喜地发现自己的变化。

（3）用健康的情绪代替不健康的情绪。除了用理智的自言自语来控制自己的情绪外，我们还应该用相对健康的情绪来取代不健康的情绪。当遇到不愉快的事件后，期望自己能够高兴起来或者对此无动于衷是不现实的。但是，面对令人沮丧的事情时，我们能够控制自己的情绪困扰的程度。表 6–3 是一个健康情绪对照表，可以帮助我们大概地了解这一点。

千万不要将你的“更喜欢”和“希望”逐步升级为“要求”、“必须”和“应该”。无理的要求必然会导致情绪困扰和压力，这就叫做“庸人自扰”。

表 6–3 健康情绪对照表

● 不愉快且不健康的情绪	● 不愉快但健康的情绪
● 焦虑和害怕	● 担心
● 愤怒和暴怒	● 烦恼
● 绝望和抑郁	● 伤心
● 极度沮丧	● 失望
● 强烈的负罪感	● 遗憾
● 一蹶不振	● 失望
● 羞耻	● 懊悔
● 极度忌妒	● 轻微忌妒
● 羞辱	● 窘迫
● 自我怨恨	● 失望但想改进

资料来源：[美] 林恩·克拉克著，姚梅林等译：《救助情绪》，北京师范大学出版社，2002 年 3 月。

(4) 注意使用冷静的语句。一种普遍的误解是，通过使用那些激烈的、攻击性的语言来责难、谴责他人和环境，可以使自己的情绪得以发泄，进而降低愤怒的程度。但事实上，将情绪发泄出来只会让你感到短暂的快乐。但发泄给自己带来的“自杀”性伤害却被隐藏。医学专家认为，无论是将愤怒发泄出来，还是背负着沉重的包袱，都会造成心脑血管疾病。

4. 避免 10 种畸形思维错误

(1) 非黑即白的思维。即将某一件事情、情境或者人看做是黑或者白的，没有什么中间状态。当某个人在工作中没有达到自己的期望时，或者甚至没有获得第一名时，就认为他是一个失败者。

(2) 一锤定终身的思维。即把某一次的失败引申、扩大，认为以后遇到所有类似的事情时，都将以失败告终。或者认为一件你觉得很简单的事情没有完成好，另外的事情也一定不能完成好。过度的概念化不但伤害了别人，还可能会伤害到自己。由于偶尔的一次失误，就对别人失去了信任。如果这种思维形成一种定式，可能会因为自己的一次小小的失误而导致对自己丧失了信心。

(3) 消极过滤思维。即对发生的事情进行思维过滤，不从积极因素去考虑，而只关心事物的消极面。结果，你的思维被消极的事物充斥着，用偏颇的眼光看周围的一切。关注事物的消极面可以使自己保持警觉，“居安思危”本来不是一件坏事，但是如果走向极端可能会使自己寝食不安，最终会因压力过大而崩溃。

(4) 贬低积极性思维。即忽视或者低估事情积极性的一面，把自己看成一朵花，把别人看做豆腐渣。

(5) 头脑简单解读性思维。即经常通过他人对我们的反应来妄加推断，并且草率地认为他们不喜欢自己。

(6) 扩大化和缩小化思维。即从个人偏见出发，有意夸大某种事情、某个错误或者一个人的某个特征，缩小和降低积极因素或者某个人成功的重要性。所谓“孩子总是自己的好，妻子总是别人的好”就是这种心态。

(7) 情绪化推理。即只是根据自己的情绪的好坏而不是根据合理的逻辑或者事实来进行推理，而且知错不认错。

(8) 应该和必须。即用绝对的“必须”、“必须不”、“应该”等紧逼性词汇来要求自己、他人和这个世界。一旦不符合自己的要求，就会产生不良情绪。

(9) 负性标签。即给你自己贴上消极的标签或者这样来责骂自己，如我是一个“失败者”、“祸害”、“白痴”等。

(10) 自怨自艾或者怨天尤人。即将不愉快的结果要么全部归于自己，要么全部迁怒于他人。而事实上，很多不愉快的事情是由多种因素共同引发的。闹这种情绪的人主要是缺乏学习和修养，素质相对较低，而且在社会上和工作中只能交些江湖性的“酒肉”朋友，不可能有真正的人脉关系。

5. 使用应对式的自言自语的自我消解

当你感到特别沮丧和烦恼时，请使用应对式的自言自语来控制自己的情绪。比如，可以将“生活非常艰难”改为“虽然生活非常艰难，但我能够忍受”；可以将“生活是冷酷无情的”改为“生活是冷酷无情的，没关系，我怎么着都可以忍受”。如此自喻自嘲可以缓解许多极端情绪。

三、怎样管理好自己的情绪

1. 远离六种不良情绪

（1）愤怒。人处于愤怒状态下，特别容易失去理智，产生一些过激的行为。常见的行为有：揭别人的伤疤、置人于没面子的窘态。所以，这种行为如果不加控制，很容易伤害到他人的尊严，从而影响彼此的感情。即使是出于维护自尊和人格的需要，对于那些恶意的人和事，也要冷静思考表达愤怒应采取哪一种方式，勿让愤怒冲昏了头脑，否则后悔晚矣。

有一些错误的观点强化了我们关于愤怒的非理性信念，应引起我们的反思：

误导一：愤怒是由外界的事件、情境和他人的行为引起的，它们是外部的因素，因而人们不可能控制自己的愤怒。

正确的观点：无论是愤怒的起因还是对愤怒的控制，我们都负有主要的责任。如果我们认为不应该对自己的愤怒负责，那么愤怒就会控制我们。

误导二：把愤怒发泄出来是健康的，我把愤怒发泄出来后，感觉好多了。

正确观点：不管我们是否发泄愤怒，它都会影响我们的身体健康。有时候，当我们发泄愤怒之后，确实会有一种轻松感。愤怒掩盖了我们受到伤害、遭到拒绝时的无助和痛苦，使我们暂时有了某种勇气、力量和控制力。当我们发泄愤怒的时候，通常会认为自己解决了一个实际问题。事实上，一个容易被激怒的人不仅会受到愤怒的困扰，而且也会因为愤怒而产生更大的痛苦。

误导三：对于愤怒，我只有两种选择，要么发泄，要么压抑。

正确的观点：逐步降低或者减弱你的火气，而不是发泄和压抑它。发泄愤怒并不能真正摆脱愤怒，发泄愤怒的过程体验，会使你将来遇到挫折和压力时更倾向于发泄愤怒。

误导四：发泄愤怒会引起他人的注意，这样你就能得到你想要的东西。其他人就不可能占你的便宜，他们应该面对自己的错误行为，也应该受到教训。

正确的观点：强烈地表达出自己的愤怒或者以发怒来要挟，确实可以使你得到想要的东西，但一般不会长久地奏效。从长远的观点来看，发泄愤怒会破坏你的人际关系，并且使愤怒变成报复。怒火会产生愤恨和痛苦，加大与他人之间的距离。愤怒会引起更强烈的愤怒。

愤怒通常会指向三个方面：自我、他人和周围的环境。

指向自己的愤怒：人们通常对自己有一定的要求，如果达不到就自我指责，将愤怒发泄到自己身上。悦纳自己、接受他人、承认人人都可能会犯错误，用这样的看法或者态度来代替愤怒。心理学专家林恩·克拉克认为，通过自我分析可以减少自己愤怒的次数和程度。这不但有利于身心健康，同时也有利于事业的发展。

指向他人的愤怒：他必须这样做，如果不那样做的话，我就无法忍受，他就应该受到指责。引起这种愤怒的通常是我们的家庭成员、朋友、恋人、同事、上司等。

指向周围的环境的愤怒：这个世界必须是公正的、快乐的，如果不是我就难以忍受，这个世界就应该受到诅咒。当你对这个世界发泄了太多的愤怒的时候，你愤怒的对象可能会指向你自己。我们需要耐心地理解和解决复杂的问题，不要抱怨世界的不公平和错误。

（2）焦虑。日常生活中，焦虑不可能完全解除，也没有这个必要。适当的焦虑能促使人采取行动，但焦虑过深过重，则会剥夺我们的快乐。焦虑的种类有很多，最常见的一种是泛化性焦虑。这种焦虑是指在日常生活中的各种情境下所产生的过分的、不现实的担心和忧虑。常见的症状为烦躁、精力不足、难以集中注意力、易怒、肌肉紧张、肌肉酸痛、呼吸急促、心悸和难以入睡等。家庭、金钱、工作和疾病等问题都可以成为焦虑的对象。

焦虑是由于过分担心和害怕生活中的潜在的危险造成的。在试图控制焦虑的过程中，这些人可能会出现吸烟、酗酒，甚至吸毒等现象。经常焦虑的人常常会产生一些错误的信念而自言自语。如：

“我的身心状况不能有任何的不适和危险，如果有了，就太糟糕了，我难以忍受。”

“不担心是非常愚蠢的，是不负责任的。我的担心或许能够防止危险的出现。担心和忧虑可以使自己振作精神，去面对将来可能发生的危险以及不幸事件带来的痛苦。”

“如果某些事件是危险和可怕的，我就应该持续不断地因此而烦恼，并应该仔细地考虑此类事件发生的可能性。”

焦虑的另一个问题是二级焦虑。焦虑者的非理性想法是“我绝不能有情绪问题。否则，我无法忍受，我将一文不值，应该受到谴责”，这样的信念和自言自语只能使自己的焦虑加重。我们应该努力去解决现实问题和情绪问题，但是，不要因为曾经患有焦虑的障碍而过分关注自己或者陷入深深的自责。

(3) 抑郁。这是一种最常见的消极情绪，它使人仿佛生活在一个蚕茧里面，周围是由自己吐出来的丝包裹着，想翻身都很困难。有这种情绪的人神经特别敏感，也容易导致另一种极端情绪——狂躁的产生。抑郁让人生活得很低调，而改变这种极端情绪，只能是自我激励，有了自我激励意识，就很容易摆脱这种痛苦的情绪，如同飞蛾破茧而出，需要自我突破。

近年来，职场人士患抑郁症的比例越来越高，影响重大者，造成团队里整合不良，出现个人离职、失业甚至自杀个案，因此实在不能小看抑郁症的破坏力，这也是目前企业文化里强调情绪管理的原因。

极度的失望、失业、人际关系受阻、离婚和疾病、遭受了无理请求；连续经历许多倒霉的事情，或者对自己、他人、周围世界以及未来的消极看法等都是引起抑郁的原因。有些人的抑郁部分是由于生理原因造成的，如大脑的神经系统中的化学成分的失衡也会使某人产生抑郁；甲状腺分泌不足也会造成抑郁。因此，有时需咨询一下医生，以确定你是否有必要进行体检。

当你感到抑郁时，可以尝试以下一些减郁办法：

一是认识到导致情绪产生的主要原因是我们的信念和自言自语，而不是现实事件和实际问题。

二是先处理自己的情绪问题，然后处理自己的实际问题。

三是以“更喜欢”和“希望”来代替“必须”和“绝对应该”。

四是运用转移注意力的办法来把注意力放在一些愉快的活动上。

五是避免因为抑郁而抑郁。

六是用坚定不移的自我悦纳来代替低的自我悦纳和低自尊。准确改进和评价你的行为和思考方式。

自我悦纳是对自己的一种稳定的自我肯定。千万不要给自己贴上一个标签，评价你做的事情，而不是评价你这个人。一个自我悦纳的人相信：“我将一如既往、坚定不移地接纳自己，尽管我可能不喜欢自己所有的行为和生活方式，但我乐意对我进行评价，并努力去改进我的行为和生活方式。”

低的自我悦纳是由于坚持要得到所有人的喜爱和认可而产生的，也可能是由于个体根据自己的某种人格特征、行为和成绩对自己做出一个否定的总体评价而产生的。当我们没能执行自己确定的某种行为规范的时候，就会产生负罪感。

自我悦纳会产生更加强烈的满足感，提高我们成功地实现目标的可能性，并且可以降低焦虑、愤怒和抑郁。悦纳自己也能够更加容易地接受他人，尽管有时你并不喜欢他人的某些做法。自我悦纳对于激励自己实现目标、处理好人际关系是非常重要的。

不要把自我悦纳建立在你的个性特点、你的成就和你是否受到他人的喜爱和认可的基础上。否则，一旦成功、成就或者他人的喜爱与认可等随着时间的推移而消失的时候，剩下的就只有焦虑和抑郁了，到那时，还是要面对自己低的自我悦纳。

避免使用自我贬低的述说，如“我真没用”等。当你极度失望的时候，千万不要养成指责和谴责自己的坏习惯。当你感到自己一无是处的时候，尽量换一个角度理智地看待自己“我并不是一个完美的人，我和其他人一样都可能会犯错误。我有优点，也有缺点。我尽量不要因为自己的烦恼而变得更加烦恼，不要使自己雪上加霜”。

（4）悲哀。悲哀产生的缘由是失去自己重视的东西，并且找回的希望很渺茫。比如，失去亲人、好友或者一段美好的感情，甚至是一件自己最珍爱的物品。悲哀让人心情低落，精神痛苦。悲哀的程度取决定于自己对失去对象的重视程度。

调整悲哀的方法有很多种，最常见的方法是转移法，即把自己的注意力从失去的对象中转移开来，摆脱黑色的阴影，转移到另外的对象上。新的对象一定是你感兴趣的或有价值的东西，否则效果就不好。比如，你养了几年的小狗死了，你可以换另一种动物来养。有一些悲哀在短时间内是无法消除的，特别是失去亲人和挚友，这种情况必须进行自我心理调节，化悲痛为力量，激发热爱生命的热情。

（5）恐惧。我们每个人心灵深处都有着某种恐惧情绪，它渗透于我们的生活和工作中而我们却不自知。我们有必要唤醒自己对恐惧的认知，转换成自己与工作场所各种情绪的关系。

恐惧是由于企图摆脱某些危险情境而产生的。恐惧对象可以是人，也可能是物或事，它可以是某一时刻遇到危险而产生的情绪，也可能是这一危险情境带来以后生活中长期的阴影，还可能是由于对某一事物的害怕而积累为恐惧。恐惧只能使人逃避，而战胜恐惧就要打破恐惧幻觉，让人觉得不再恐惧。

（6）忌妒。忌妒是一种恶劣地折磨人、使人苦恼的情绪，它将欲望、愤恨、痛苦融合在一起。忌妒心理的产生建立在将自己和他人进行比较之上，希望自己得到比别人更多的财富、荣誉和关爱。

忌妒心理发展到偏执程度，就会产生不正常心理。比如，将自己的快乐建立在别人的痛苦之上的报复快感，这种心理很可能将自己置于毁灭状态中。为了防止这种情绪的产生和发展，唯一的途径就是认同。认同是将自己和我们钦佩的人统一起来，而不是将自己和他人对立。由于忌妒是因不正当竞争心理造成的，所以认同别人，恢复正当竞争心理就是最好的治疗剂。

2. 保持五种好情绪

（1）爱与温情。任何负面的情绪在与爱接触后，犹如冰雪遇上了阳光，很容易就被消融。如果现在有人向你发脾气，你只要始终以爱心及温情的态度对待他，最后他便会改变先前的情绪。一位心理学家说得好，只要你有足够的爱心，就可以成为全世界最有影响力的人。

（2）感恩。一切情绪之中最有威力的便是爱心，但它会以不同的面貌呈现出来。感恩也是一种爱。如果我们常心存感恩，人生就会变得快乐，因此要好好经营人生，让它充满芬芳。

（3）振奋与热情。如果做任何事情都带着振奋与热情，生活就会变得多姿多彩，因为它们能把困难化为机会。热情具有伟大的力量，鼓励我们以更快的节奏迈向人生的目标。我们要如何才会有热情呢？就跟要如何才会有爱、有温情、有感恩和好奇心一样，只要我们决定想有热情！你可以运用生动的表情，讲话要有力，看事情要远，以无比的决心去追求期望的目标。可千万别想浑浑噩噩过日子，那样不仅生活过得会很乏味，人生也会充满坎坷。

（4）快乐。内心的快乐跟脸上的快乐是有很大的差别的，前者能使你充满自信，对人生充满希望，带给周围人同样的快乐。脸上的快乐具有消除害怕、生气、挫折感、难过、失望、沮丧、懊悔的能力，不管遭遇了什么难事，硬是在脸上浮现笑容，就会使你觉得再也没什么比这个更让你难受了。

(5) 保持活力。这是很重要的一种情绪，如果你不能好好照顾自己的身体，那就很难享受到拥有它的快乐。你要经常注意自己是否精力充沛，因为一切情绪都来自于你的身体，如果你觉得有些情绪超出常规，那就赶紧检查一下身体吧。

3. 适当发泄、转移、转化情绪

控制情绪不等于压抑情绪，压抑情绪的坏处很多，而适当地发泄出来，不仅可以消除不良情绪，还有利于身体健康。

美国钞票公司总经理伍德赫尔曾利用红墨水发泄自己的情绪。起初，他只是一家公司的小职员，上司也不怎么器重他，提升的机会也比较少。他很郁闷，但他和别人发泄的方式有所不同。其他人可能用语言发泄，而他却用红墨水发泄。他说："当我独处时，这种郁闷和不满便会逐渐膨胀，让我真想辞职算了。但在我写辞职信之前，我拿来一支钢笔和一瓶红墨水，坐下来把我对上司的评价从头写到尾。然后，把纸放回抽屉里，把苦恼告诉一位挚友。挚友叫我拿来一瓶黑墨水，把上司的优点写出来，也把自己能做的事写出来。写完以后，我将两张纸对比了一下，上司也有许多优点，于是我决定留下来了。在以后的工作中，我都用这种方法把想说而不敢说的话写出来。每次写完以后，都倍感轻松。"

当不良情绪产生时，我们可以将注意力从原来的事物上转移到别的地方去。有的人心情不好时，喜欢上街疯狂购物，借花钱发泄心中的苦闷；有的人靠喝闷酒麻醉自己，迫使自己忘记烦恼。到游戏厅、舞厅，借喧闹刺激自己郁闷的情绪，效果都不一定好。俗话说："抽刀断水水更流，借酒消愁愁更愁。"因此，转移注意力时，要注意采取更有效的方式。

将注意力转移，可以将原有的情绪暂时冲淡，而转换为另一种情绪，其方法就是将消极情绪转化为积极情绪，而把过于兴奋的情绪恢复到正常。

不开心的时候，听听音乐、看看电视、与朋友聊聊天、外出散散心，何尝不是一种解除烦恼的好方法呢！

消极情绪并不一定就只是发挥消极作用，在某些时候，它可以化为巨大的动力。纽约某银行总经理弗雷就是这种善于转化的人。开始，他在长岛开了一家昆士郡银行，规模较小但自我感觉良好。有一天，一位大银行的经理来访，一句轻蔑的话却让弗雷大为转变。临走时，大银行的经理对他说："如果你活得长一点儿，或许银行会变得稍大一些。"

这句话让他深受刺激，他说："当时，我被这句话气得话都说不出来。'如果你活得长一点儿'，这是什么话，好像我只是在等死。但从此以后，我发誓要打败他。四年以后，我银行的存款是他的两倍。"

聪明的人不会因为别人的行为而看轻自己，更不会只顾发怒和生气，这些都不能解决问题。只有化悲愤为力量，奋发图强，才能出人头地。

4. 理智思考控制自己

情绪是属于自己的东西，只有自己才能够完全控制它。控制情绪最有效的方式是靠理智思维。没有理智的情绪是可怕的，一旦丧失了理性，人的行为就失去了控制，发疯、发狂、行凶，甚至杀戮。同时，如果理智占据不了主导地位，让消极情绪长期存在于人的内心当中，容易使人导致精神疾病，甚至自杀。

用理智控制情绪，不是让你在你的内心筑一道大坝，将情绪的洪水阻截。这种强制的手段不但不能解决问题，反而会使问题显得更加糟糕。就像用堤坝拦截洪水一样，洪水会越涨越高，正确的方法是引流疏导。

理智的人会主动把消极情绪转变为积极情绪，而不理智的人任由消极情绪发展；理智的人能够控制每种情绪的健康发展，而不理智的人常常喜怒难控，导致悲剧的发生。

而用理智控制情绪，必须以坚强的意志作后盾。

记住你最大的敌人是自己，不要被自己的情绪打败，拿出你的魄力和意志，控制好你的情绪，成为情绪的主人。

思考题

1. 你是怎样管理自己情绪的？说一点教训与经验。
2. 怎么管理好情绪，保持一种好心情？

第七讲　管理好你的压力

——做一个举重若轻的人

名人名言

● 影响我们前进步伐的因素不是那些遥不可及的目标，而是我们脚下鞋子中的那些沙子（即压力）。

——［美］演说家 戴尔·卡耐基

● 许多与压力有关的问题常常是因为非理性和不正确的思维引起的。你不能控制事件本身，但能控制对事件的反应。

——［美］心理学家 埃利斯

● 所有的生物体都有保持平衡的驱动力。压力源，如疾病、过度的工作要求往往破坏体内的平衡状态。减压就是通过一些自动化反应维持平衡。

——［加拿大］压力专家 薛利

● 伟人的伟大之处在于，当他与常人共处逆境时，常人容易失去理智，而伟人则保持平衡并决心实现自己的目标。

——无名氏

现代人每天都在经受着各种压力，可以说压力与我们如影随形。在实际生活中，对压力这个词，不同的人看法是不一样的。医生可能从生理机能的角度解释，而心理学家可能从行为和心理转变的角度解释，管理学家可能从机制竞争的角度来解释，而普通的非专业人员可能会从日常生活的角度来理解，如工作压力、家庭压力、精神压力等。不管怎样解释，对于每个人，压力都是客观存在的。

案例 7-1 一名普通白领的流水账

故事主角：张雨

职业：房地产销售顾问

口号：让压力来得更猛烈些吧！

一天流水账：

7:00 “张雨，起床了！”睡梦中的他被昨天的楼盘资料困扰了一整夜，剪不断，理还乱。

张雨一跃而起，深深地吸了一口气，以最快的速度把自己的白衬衣熨了一遍，以平常的速度刷了牙，洗了脸。末了，狠狠地往自己的头发上打了一点摩丝。穿戴整齐后，也没忘了把皮鞋擦亮。因为在上海这个城市里，竞争已经落实到了每个细节。

8:00 进入车水马龙的市中心后，他又嘀咕起来：“要在上海买辆宝马得到什么时候啊?”拿起手机查了一下天气情况，在地铁站，买了一份报纸，看看有什么重要新闻。

9:00 开始一天的工作。每个瞬间都表现得非常专注，忙里偷闲处理一下自己的私人邮件。

10:10 下楼在单位门口的取款机中取出了中午要去交的手机费。张雨长长地舒了一口气，禁不住抱怨“生活好紧张”。

11:30　和大家一起排着整齐的队伍去领午饭。

15:00　在总经理的要求下和一位客户商谈了一下业务问题。看着客户那张百般刁难的脸，张雨不禁一阵眩晕，“快点下班吧”。

17:30　终于可以下班了，提起公文包，几乎是冲进了电梯。

18:00　在超市选购了一些蔬菜回家。心想将近三十岁的人了，该找个女朋友了，面对亲朋好友的唠叨和关心，连自己也觉得过意不去。还是别想那么多了，真的没力气了。明天，依然要为生活而打拼。对了，晚上还得把白衬衣洗干净。

（转引自孙健敏、徐进勇编著：《压力管理》，企业管理出版社，2004 年 1 月）

对于上班族来讲，张雨的时间流水账并不陌生。长期的压力，即使是年轻人，身体也会吃不消，对于一些在职场上拼杀了十来年的经理人和老总们来讲，年龄优势开始丧失，而肩上的责任却越来越大，其承受的痛苦可想而知，严重的可能会发生意想不到的悲剧。

案例 7–2　七成女老板心力交瘁

——事业成功，情场失意

来自中国女企业家协会的一份调查表明，中国的女企业家日均工作 17 小时，80%以上的女企业家每天的睡眠时间在 7 小时以下，超过 44%的女企业家没有任何娱乐和锻炼时间。

由于受中国传统的“男主外、女主内”等观念影响，一直以来，中国女性的创业压力明显大于男性，很多女企业家在创业成功之后，大都面临家庭、情感等方面的诸多危机，以及随之而来的身体疲劳与精神创伤，女性创业者身心健康状况令人忧虑。

事业成功却情场失意。有近两成女企业家的婚姻遭不幸。该项调查显示，70%以上的中国女企业家有较为严重的心理问题，81%的女企业家身体处于亚健康状态，19%的女企业家承受着再婚、离异或分居的困扰。

（摘自《亚太经济时报》，作者柯立裕）

据专家统计分析，19世纪末20世纪初，美国的“十大杀手”全部是传染病；而到20世纪90年代以后，“十大杀手”全部是跟压力有关的疾病，如焦虑症、抑郁症等。

一、压力探源

在目前的科学文献中，压力概念包括三个方面的内容。

第一，是指那些使人感到紧张的事件或者环境。如你是一个部门的经理，在你所管辖的部门突然出现了紧急的情况需要立即解决，否则就会造成严重的后果，这是一种工作压力。

第二，是指一种主观的反应。从这个意义上讲，压力是一种心态，它是人体内部出现的解释性的、情感性的、防御性的反应过程。例如，由于前一天夜里思虑公司的事务而失眠导致起来上班的时间延迟，而在上班的途中在不该堵车的地方又出现了意外堵车。此时人们往往认为自己“非常不顺，怎么所有的人和事情都在和自己作对！”这是一种心理压力。

第三，是对需要或者伤害侵入的一种生理和行为上的反应。这种反应是每个有压力的人都很容易体会到的。人们在有压力的情况下，往往会感到全身发冷，手掌心甚至脚心会出汗、脸发热、双手颤抖等，这是一种生理现象。

1. 观察压力

（1）并非所有压力都是坏事。人们说需要是发明之母。同样道理，压力也可以称为成就之母。压力有时会把人的能力发挥到极致。压力可以促使人找到更好、更明智的处事方式。也许“张力”或“紧迫性”这两个词更适用于这类有益的压力。

透过娱乐圈中某些人或运动员的一生，人们能特别清楚地看到压力所产生的正面效果。例如，有些演员演出时发现观众中有重要人物在座时产生的压力会使他们的表演特别出色；运动员在大场面的锦标赛或奥运会决赛时，他们的水平发挥得最好。对这种压力，不同的人有不同的反应。有些人被压力压垮，有些人则借压力刷新世界纪录。

（2）大部分压力是不必要的。大多数人担忧的事情太多了，这是不必要的。他们仿佛在自找造成压力的东西。其实很多所谓的压力实际是不存在的，可以说是杞人忧天、庸人自扰。据调查：

人们担忧的事情有40%永远不会发生；

30%的忧虑涉及过去作出的决定，是无法改变的；

12%的忧虑集中于别人出于自卑感而作出的批评；

10%的忧虑与健康有关，而越担忧问题就越严重；

8%的忧虑可以列入“合理”范围。

有教科书列出引起紧张压力的10个问题，真正值得担忧的问题平均还不到一个。其余的问题基本可以自行消除。

(3) 压力造成过度紧张时就有害了。心理学家指出：把人打倒的不是重拳，而是暗拳。压力虽然能起到积极的推动作用，但压力也可以把人压垮。

持续的压力会造成紧张过度。人体对压力的反应分为三个阶段：警觉、抗拒和力竭。

在警觉阶段，人体注意到压力源，准备与之对抗或回避。这由内分泌腺释放出荷尔蒙来实现。这些荷尔蒙引起心跳呼吸加快、血糖升高、出汗、瞳孔扩大、消化减慢。接下来，由你决定是利用这股爆发性的能量去斗争还是逃跑。

在抗拒阶段，人体自行克服压力造成的损害。但是，如果压力源没有消失，人体就不能克服所受的损害而要保持高度警惕。

进入第三阶段——力竭阶段。如果这种状态持续下去，你可能会得“压力病”，例如偏头痛、心律失常，甚至神经系统障碍。在力竭阶段继续受到压力的话，人体会精疲力竭，甚至有些功能会停止。

2. 压力探源里

压力和压力源不同，压力是我们的主观感受，而压力源是指给我们造成压力的客观事情。现代生活中的压力事件多如牛毛，任何一件事情如果处理不好都会给我们带来压力。就国外一份关于生活事件的调查来看，其影响比率可见一斑（见表7–1）。

压力来源主要表现在三个方面：

一是心理因素。挫折和冲突最容易给人带来心理压力。有些人格心理特质对压力的认知特别敏感，例如，所谓的A类型人格特质的人好胜心强、求好心切，总是希望在很短的时间内完成许多的事，心理压力会因此而产生。

表 7–1　霍姆斯—拉厄社会调查表

事　件	影响比率（%）
配偶的死亡	100
离婚	75
婚姻的瓦解	65
牢狱之灾	63
直系亲属死亡	63
个人的伤痛	53
婚姻	50
被解雇	47
婚姻的妥协	45
退休	45
家庭成员的健康变化	44
怀孕	40
性问题	39
获得家庭新成员	39
生意的调整	39
经济状况的改变	38
好友的死亡	37
变换工作	36
与配偶的争论	35
主要抵押	31
取消抵押和贷款	30
工作责任的变化	29
子女离家	29
与儿媳或女婿的麻烦	29
杰出的个人成就	28
配偶开始或者停止工作	26
上学和退学	26
居住条件的改变	25
个人习惯的纠正	24
与老板的矛盾	23
工作时间和条件的改变	20
居所的改变	20
学校的改变	20
娱乐活动的改变	19

续表

事　件	影响比率（%）
宗教活动的改变	19
社会活动的改变	18
少量的抵押和贷款	17
睡眠习惯的改变	16
家庭聚会次数的改变	15
饮食习惯的改变	15
休假	13
圣诞节	12
法律的小侵犯	11

资料来源：转引自孙健敏主编、徐进勇编著：《压力管理》，企业管理出版社，2004年1月。

二是环境因素。包括个人日常生活秩序上发生重大的变化，如搬家或新生入学等；工作中责任之大小，一般责任愈大，压力的承受也愈大；至于生活中的琐事，如家庭收支无法平衡或生活环境中交通及空气品质的恶化等，再如都市化造成的人口稠密、噪声、空气污染等这些使生存环境日益恶劣的因素，都可能成为压力源。

与同事、上司或下属关系的不协调也会产生压力。近年来，全球经济一体化导致公司组织全球化，不同国家、地区、文化背景的人士合作共事，摩擦愈加频繁，导致压力更趋沉重。公司结构扁平化也必然给员工造成压力，因为工作资历相仿的员工之间的竞争更趋激烈。同时，同事间工作联系更为紧密，角色经常交叉，容易产生冲突。

三是角色因素。当一个人角色负荷太重或同时必须扮演多重角色，加上别人对自己期望又过高时，都会造成压力。另外，当一个人不清楚自己的角色定位时，那份不安与焦虑也可能引起压力的产生。如性别角色变化——都市的女性，与男性承受着同样的评价标准及压力；而在家庭中，她们仍承担着传统女性角色的主要职责，职业与持家经常发生冲突。

二、“三大压力”杀手

（一）工作压力

1. 何谓工作压力

工作压力，顾名思义，就是因为工作不稳定或不顺心给人造成的压力。美国联邦政府的一项调查表明，美国每年有 10 万人死于与工作有关的疾病，有 39 万人因为工作而染病。沉重的工作压力是造成这些结果的主要原因。

工作压力可分为急性和慢性两种。前者指突发性的职场事件或政策变化所造成个人工作经验的改变，后者则与长期累积所导致的个人工作经历耗损有关，但同样曾造成各种职业性精神疾病和职业压力症候群，因个别工作人员的人格特质和适应方式不同而产生各种症状表现。常见职业性精神疾病包括焦虑症（如恐慌症、畏惧症、强迫症等）、忧郁症、适应障碍症、心身症，躯体化疾病、睡眠或饮食障碍等。

当今中国，职工面临的工作压力是下岗的忧虑。僧多粥少，一旦失去工作，殃及全家老小。

工作压力不仅会对员工产生不良的影响，而且还会阻碍有效的管理行为，如倾听、正确决定、有效地解决问题、计划、产生新的想法等。正确应对工作压力不仅可以增强个人的自我管理的能力，而且还对整个组织产生巨大的影响。当经理人遭受压力时，他们更容易陷入以下心理误区：

（1）只选择对他有利的和与他原来看法一致的证据，不顾及其他因素。

（2）对模糊性的变化了的情况承受力降低，不思变革，抵制改变。

（3）认死理，对某一个问题的解决过分地执著于一种途径，人称“一根筋”。

（4）对时间的主观感觉变短，总觉得自己十分忙乱。

（5）注意力集中于短期利益，忽视长期计划。

（6）不善于区分多种问题之间的差异，对事物的复杂性和细微差别经常忽略。

(7) 相对封闭，很少倾听，也很少与别人讨论。

(8) 用旧习惯来应付新情况，以不变应万变。

(9) 留恋老皇历、老办法，事事处处回头看，不能有创意地去解决新问题。

2. 诱发工作压力的重要因素

(1) 时间压力。即指在很少的时间内有非常多的任务需要完成。这可能是公司的经理人所面对的一个非常普遍的问题。研究发现，时间压力与工作不满、紧张、威胁感、心率高等情绪有显著的相关。在有时间压力的情况下，个体的工作效率会大大提高，但是，长期处于时间压力下对身体是有害的。

(2) 冲突压力。冲突压力是指在人际交往的冲突中所产生的压力。与朋友、同事和配偶争吵；不得不与自己曾经发生过人际冲突的同事或者上级一起工作，或者是在一个缺乏信任感的团队中工作等，都会产生冲突压力。冲突压力在职场人员中非常普遍。对于经理人来说，冲突压力主要有三个方面。第一个是角色冲突，角色冲突是指在一个团队中每一个成员所扮演的角色不相容；第二个是观点冲突，是指对解决某个问题的途径不能达成一致意见；第三个是交互冲突，是指个体之间由于敌对而难以融洽相处。研究发现，冲突压力对组织的生产力和工作满意度具有非常大的消极影响。冲突压力是很多组织运作不良的核心问题。对员工负责的经理人比对设备负责的经理人要经受更多的冲突压力。与其他人关系不好可能会造成非常大的压力。一项关于人际信任度的研究发现，缺乏人际信任的个体不仅会阻碍正常的沟通、信息共享、正确决策和解决问题的能力，而且还会产生很高的人际关系压力。

(3) 情境压力。来源于个体所生活的环境。最普遍的情境压力是不良的工作条件。包括工作时间过长、危机不断、与同事隔离以及工作变化加快等。

(4) 期望压力。包括潜在的、具有威胁的、但是还没有发生的事件，而且这种事件很有可能发生。在现代瞬息万变的企业竞争中，重组、裁员甚至倒闭的事件时有发生，员工几乎时时都面临着失业的威胁，这种威胁给人们带来了很大的期望压力。

消除期望压力的最好办法是为自己设定一个短期目标。通过设定一个短期的目标可以通过将注意力集中于目标而消除对将来的恐惧感。接着制定相应措施，建立一个义务监督系统和报告机制以及评估和奖励系统，督促自己去实现期望目标。

3. 工作压力过度的三大表现

（1）心理症状：

①焦虑/紧张/迷惑/急躁。②疲劳感/生气/厌恶工作。③情绪敏感/易激怒。④感情压抑。⑤交流效果降低。⑥退缩和忧郁。⑦孤独感和疏远感。⑧对工作具有过度不满情绪。⑨精神疲劳和低智能工作。⑩注意力分散。⑪缺乏自发性和创造性。⑫自信心降低。

有足够的证据表明心脏和肠胃系统的疾病与工作压力有着密切的关系。疲劳、受伤和睡眠不好也是工作压力带来的。

（2）生理症状：

①心率加快和血压升高。②肾上腺素和甲状腺素分泌增加。③肠胃失调，如溃疡。④身体受伤。⑤身体疲劳。⑥死亡。⑦心脏疾病。⑧呼吸问题。⑨汗流量增加。⑩头痛。⑪癌症。⑫睡眠不好。⑬肌肉紧张。

（3）行为症状：

①拖延工作。②生产能力减低。③酗酒和吸毒。④去医院的次数增多。⑤由于逃避、饮食过度导致发胖。⑥由于胆怯而导致吃得少。⑦冒险行为增多，如超速驾驶和赌博。⑧侵犯别人、破坏公共财产。⑨与家庭和朋友的关系恶化。⑩自杀。⑪离职率升高。⑫出勤率降低。⑬迟到、旷工次数增加。

4. 不同职业与不同职业层次的压力

（1）不同职业类型的压力源。

金融类：这一类的工作人员需要经常与钱打交道。牵扯的数目越大，事情往往也就越复杂，此时的压力就会更大。

销售类：这些工作不断要求工作人员在规定的时间内完成一定量的销售额。员工自始至终处于一种高压状态。他们不断面临着销售定额的压力，还要不断调整自己，以适应不同的客户。

技术类：技术信息专家必须跟上日新月异的技术进步的步伐。在技术类工作之中，经验变得相对不重要，因此还要迎接新人的挑战。

媒体类：活动频繁、难以安闲，总是打破头去搜索新颖的题材，在最后的期限交上自己的创作。

医疗类：当自己的病人危在旦夕而自己所掌握的病人资料还不够充分时，医务人员必须作出正确的决策，由此会产生巨大的压力。

教育类：时代的进步，要求一名教师同时是一位科研人员。因此，一边是向学生重复同样的教学内容，一边是令人茫然、不知所措的未知世界。

（2）不同职业层次的工作压力。决策层：决策层的压力来自于战略思维的困惑，做什么，怎么做，谁来做。如果决策失误，前功尽弃，担心和恐惧是他们的最大压力。

管理层：大多数的部门经理经常感到“夹心层”的压力。他们一方面要想办法满足下属的要求，另一方面还要完成上司的任务，同时所有的苦衷不能随意诉说，常常陷入心理困境。

操作层：操作层的办事员每天陷于机械和重复的劳动中，对他们来说，压力来自没有创造、没有成功、没有喜悦的工作，由此可能会诱发烦躁和怠工现象。

（二）家庭压力

家庭压力来自于两个方面：一是家庭外引发的危机，如战争、水灾、经济不景气等环境因素；二是家庭内压力。家庭内压力的形式和原因五花八门。家庭收入、支出，对子女的教育方式，对老人的赡养方式，都可能引起配偶之间的冲突。由于父母与子女之间存在观念的差异，也会引起家庭冲突，如子女的离家出走，子女与父母、婆婆与儿媳、丈夫与妻子等处于不和谐甚至敌对关系等。家庭压力与工作的压力交织在一起，考验着现代人的适应能力。家庭压力中最重要的是夫妻间的关系，离婚的困扰和双薪家庭负担过重等。

1. 夫妻间沟通不良造成的压力

婚姻关系可以说是人类关系中最复杂的一种。配偶之间的关系可能在很短的时间内就会发生转化，从挚爱热烈的海誓山盟到激烈的争吵往往只有一线之隔。为什么会出现这样的结果？有时两个人都不能够说出真正的原因，而对外界的疑问，他们往往找一些自己也无法相信的理由，如“对方不理解我”、“我们互相太熟悉了”等理由来搪塞。有关专家认为，夫妻的争吵有时可能是一些客观的原因，大部分的争吵可能来自一些沟通的障碍。

在家庭沟通中，人们往往错误地认为，反正是一家人，怎么说都可以，因而会放松了警惕。很多人在工作中往往会戴着某种面具，总想在家庭中放松自己，这是无可非议的。但是，需要注意的是，家庭并不仅是你一个人的安全港湾，对你的配偶也是一样。因此，请注意你在家庭中的沟通技能。这一点对于双薪家庭尤为重要。

2. 离婚造成的压力

近年来，家庭结构急速变化，离婚率大幅度上升。有人经常开玩笑说：“过去朋友见面总是问：‘吃了没有?’如今，年轻人碰面，喜欢问：‘离了没有?’”离婚不仅会给个人带来压力，也会给家人（如孩子、父母）带来压力。当一个人离婚后，可能同时也失去了自己的生活目标和动力。除此之外，离婚还会带来经济上的纠纷、情绪的恶化、生活规律的失调等。

离婚后的压力包括：

(1) 对孩子抚养方式方面的敌对。有关家庭的研究表明，父亲的抚养方式可能比母亲的抚养方式变化更大，这可能会引起冲突。

(2) 离婚后，当事人之间的冲突。离婚的当事人可能由于离异而变得痛苦和尖刻，也可能由于离异判决的不公平而愤怒。

(3) 子女希望父母重修旧好的压力。这种压力大部分来自子女对父母和解的幻想。

(4) 互相报复行为。离婚的一方可能利用孩子与对方展开报复，向孩子描述对方的“不良”行为，以此宣泄自己心中的不满。这种情况往往会伤害到三方的利益，受伤最大的可能是孩子。

对于离婚者的压力，应该注意以下几个方面：

(1) 要勇于自拔。要知道“你不是第一个因为离婚而痛苦的人”。有一位婚姻专家曾这样奉劝一位失恋的女人：“你虽然失去了一个不爱你的男人，但对方损失更大，他失去了一个爱他的女人。离婚的痛苦要让它很快地过去，此后你会变得更加坚强和成熟。”

(2) 适当宣泄自己的感受。向自己的朋友和亲人诉说自己心中的不快，及时缓解压力。

(3) 思考之后彻底忘掉过去。一个关系的破裂，往往双方都有责任。经过分析和思考，可以从过去的经历中学到很多人生的经验。然而，日子还是要继续过下去的，过多的回顾只能令你难以自拔，只有跳出这个思维的怪圈才会有一个真正的开始。

(4) 头脑要清醒。当人受到极端挫折和压力时，往往对事情的分析会出现偏激而失去理智，因此，此时不要做出重大的决定和过激行为，否则覆水难收，悔之不及。

3. 双薪家庭带来的压力

负荷过度是双薪家庭面临的首要问题。家庭中夫妻两个人都有自己的专职工作，还有很多的家务，因此过度的负荷是显而易见的。特别是当夫妻双方工作不顺利的时候，顺畅的沟通就会被打断，谁来主要承担家庭事务也就成了争论的焦点。其实，完成家务并不是最大的负担，更大的负担是对家庭事务的看法。

在双薪家庭中，双方几乎都把工作当成自己分内的责任，而将家务当做是额外的加班工作。在这种情形之下，很容易造成身心疲惫。特别是由于传统观念的影响，男性更加倾向认为女性应该承担更多的家务，这在男女收入差距较大的家庭也许是成立的。对于很多双薪家庭来说，男女对经济收入的贡献的差别不是非常明显。在这种情形下，往往会引起双方的争执或者内心的不满。这种争执和不满会由于“额外加班”的思想带来更加重的疲惫感。

社会学家认为，决定双薪家庭过度压力感的因素有：

(1) 家庭对子女的期待程度和对家庭生活的重视程度。

(2) 夫妻对家庭生活水平高低的向往程度。

(3) 夫妻两人对家庭分工的满意程度。

(4) 夫妻双方在工作中造成心理上和生理上的过度压力的情况。

双薪家庭如何缓解压力，主要有以下措施：

第一，改变自己的态度，处理好工作与家庭的关系。家庭事务与工作同等重要。

第二，摒弃职业习惯的一些理性信念，不要把工作要求带到家庭中来，用对待下级的态度对待自己的丈夫或妻子。

第三，制定和调整家庭目标。为了达到生活的和谐，成员之间必须能够有效沟通，互相谅解，具有共同的目标。同时，个人的目标也要尽量为家人接受。有关专家研究发现，在双薪家庭中，夫妻经常会有意或者无意地定出“紧张‘三八’线”，如果一方超出了这个界线，另外一方就会出现难以忍受的感觉。为此，要有心照不宣的戒律，不要去捅那层“窗户纸”。

第四，相互弹性的使用时间，不必顾此失彼，左右为难。

第五，寻求外在力量的支持与协调，如为做家务事闹矛盾，可花钱请保姆和小时工来协助，以缓解因家务纠纷带来的压力。

(三) 疾病压力

患病是人生中的一大痛苦，自然会给人带来压力。人吃五谷杂粮，谁能保证总不患病？话虽这么说，但摊在谁身上都会有不可言状的压力。

疾病压力主要表现在三个方面：

(1) 焦虑。如极度紧张、非常担心、神经过敏、疑神疑鬼、焦躁不安。焦虑情绪只会加剧对病情的恐慌。

(2) 抑郁。如果说焦虑的外在表现是愤怒，而抑郁的内在表现则是压抑、不安和失望。

(3) 恐惧。没病时担心自己患病，患病后又恐惧自己的病不可救药等。有人戏称有些胆小的人不是病死的，而是被吓死的。

一个人患病时没有压力是不现实的，关键是如何正视现实，配合医生，配合亲人，应对疾患，能够坦然处之，许多癌症患者出现奇迹，一再延长自己的生命就是明证。

三、怎样给自己减压

怎样给自己减压，方法多多，主要有自我放松、转换视角、避免“鼠斗”、树立信心、适当减负、放弃权利、调整心态、找人交谈、不要攀比、学会快乐等。

1. 自我放松

有位心理学老师在给学生讲授压力管理课时，特意准备了一杯水，并将这杯水示意给大家，问：“这杯水有多重？”有的说20克，有的说50克。老师则说：“这杯水的重量并不重要，重要的是你能拿多久？拿一分钟，各位一定觉得没问题；拿一个小时，可能觉得手有些酸；拿一天，可能得叫救护车了。其实这杯水的重量是一样的，但是你拿得越久，就觉得越沉重。”

这个例子说明，如果我们一直把压力放在身上，不管是否能够承受，到最后我们总会觉得压力越来越沉重以至无法承担。如果我们能够坚持用放松的方法来缓解压力，就会消除压力对我们造成的危害。自我放松是减压的一大法宝。

它可以帮助我们将日常生活中逐渐累积的压力降低到我们可以控制的层次。虽然会有反弹和重复，但毕竟为我们降低了一个高度，做到了有张有弛。

按照前面的例子，我们必须做的是，放下水杯休息一下后再拿起这杯水，如此才能够拿得更久。所以，我们应该将承担的压力在一段时间后适时地放下，一段时间后再重新拿起来，如此才可承担更久。

这就像对待工作一样，下班时我们应该将工作的压力放下，回家后好好地休息，明天再重新拿起这压力，如此我们就不会觉得压力的沉重了。

放松自我有很多方式，比如肌肉放松法，既可以在家里，也可以在办公室，还可以在会议上或飞机上闭目养神。放松的方法可以利用沉思、冥想、催眠等技术放松自己，以达到深层放松；也可以借着音乐、精神按摩、瑜伽等方式让身体大部分肌肉放松以达到压力调适的效果。

还有一种是锻炼。锻炼的方法很多，打球、划船、爬楼梯、中长跑、体操、爬山（走路）、游泳、跳舞等。通过锻炼，即可以给身体健康带来收益，也可以给心理健康带来收益。从身体层面上看，可以增加肺活量，提高肌肉的强度，提高韧带的强度，改善心血管机制，减少心脏病发生，增加能量，改善循环，减缓衰老；从心理层面看，能增强自控、自主和自我满足感，增强自信心，改善在工作压力下大脑的活动节奏，降低压力水平，摆脱轻度烦恼。

2. 转换视角

“横看成岭侧成峰，远近高低各不同。”换一种思考，换一种角度，换一种参照体系，也许能把人从痛苦的压力深渊中解救出来。有这样一位老太太，她有两个儿子，大儿子是染布的，二儿子是卖伞的，她整天为两个儿子发愁。天一下雨，她就会为大儿子发愁，因为不能晒布了；天一放晴，她就会为二儿子发愁，因为不下雨二儿子的伞就卖不出去了。老太太总是愁眉紧锁，没有一天开心的日子，弄得疾病缠身，骨瘦如柴。

一位哲学家告诉她，为什么不反过来想想呢？天一下雨，你就为二儿子高兴，因为他可以卖伞了；天一放晴，你就为大儿子高兴，因为他可以晒布了。在哲学家的开导下，老太太以后天天都是乐呵呵的，身体自然也就健康起来了。

强者对待事物，不看消极的一面，只取积极的一面。如果摔了一跤，把手摔出血了，他会想：多亏没把胳膊摔断；如果遭了车祸，撞折了一条腿，他会想：大难不死必有后福。强者把每一天都当做新生命的诞生而充满希望，尽管这一天有许多麻烦事等着他。而弱者往往自寻烦恼。

还有个“秀才赶考”的故事。古时候，有位秀才第三次进京赶考，住在一个经常住的店里。考试前两天他做了三个梦，第一个梦是梦到自己在墙上种白菜；第二个梦是梦到下雨天，他戴了斗笠还打伞；第三个梦是梦到自己跟心爱的表妹脱光了衣服躺在一起，但是背靠着背。

这三个梦似乎都有些深意，秀才第二天就赶紧去找个算命的解梦。算命的一听，连拍大腿说：“你还是回家吧。你想想，高墙上种菜不是白费劲吗？戴斗笠打伞不是多此一举吗？跟表妹都脱光了躺在一张床上了，却背靠着背，不是没戏吗？”

秀才一听，心灰意冷，回店收拾包袱准备回家。店老板非常奇怪，问：“不是明天才考试吗，今天你怎么就回乡了？”

秀才如此这般说了一番，店老板乐了：“我倒觉得，你这次一定要留下来。你要反过来想，墙上种菜不是高种（中）吗？戴斗笠打伞不是说明你这次有备无患吗？跟你表妹背靠背躺在床上，不是说明你翻身的时候就要到了吗？”秀才一听，觉得很有道理，于是精神振奋地去参加考试，居然中了个探花。

视角是可代替的。下次你因小小的困难就开始感到有压力时，请记住那个更大的参照系统。反过来想、发散式地想、积极地想，这样，你就可以看出事情的真相并不是像你所担心的那么严重。

3. 避免“鼠斗”

美国商界把激烈竞争称为“鼠斗”。人们竭尽全力互相竞争，甚至不择手段。有一位喜剧明星风趣地讲：“即使你争斗赢了还是一只鼠。”

当一个人加入“鼠斗”时，永远不会有什么满足感。他们在太多的领域参与竞争，他们没有“赢”的尽头。我们要向一些小动物学习智慧，自觉为自己减压。看那活泼自由的小动物：小鸟不会试图比邻居多筑几个巢，狐狸不会因为自己只有一个洞可以栖身而烦恼，松鼠不会因为担心贮藏的果实只够吃一个冬天，而不是两个冬天焦虑而死，狗也不会因为没储存足够的骨头养老而夜夜失眠。

努力工作，鼓足干劲争取达到自己的目标。但要注意，不要让家庭、你自己的健康和你的朋友为此付出代价。任何成就都不足以弥补这种无谓的牺牲，或由此而来的压力。

4. 树立信心

心理学家指出：“健康的杀手不是生活节奏快，而是厌倦情绪。把人搞得不愉快乃至病倒的，是那种一切都毫无意义的感觉。”20世纪初，美国人的漫无目的和迷失方向似乎成了流行病，人们不知道自己信仰什么。许多人用怀疑来取代价值，用冷漠来取代信念。

德国哲学家弗里德利希·尼采说：“如果我们有信念，什么方法都能找到。”信念使人有勇气、有尊严地应付人生的一切境遇。一个人的信念越坚定，他就越坚强，就越不容易在逆境面前感到压力。

5. 适当减负

许多人就像一个站在自己田地中央的农民。这个农民说：“我用不着出去干活，我被活包围了。”他们把越来越多的任务包揽在自己身上，最后却无法把这些事情一一办好，于是压力就产生了。正如我们有些领导者和管理者，“自己都会，群众不累”。越俎代庖，如牛负重，累死累活反而得不到称赞和理解。

有时我们要暂停承接任务，从超负荷中脱身。如果你是那种喜欢尝试新事物和包揽一切的人，你要每过一段时间就停下来，提醒自己要学会选择，学会放弃。有时为了保重点，要主动放弃一般的事情。

6. 放弃权利

美国立国的基本思想之一，是每个人都享有某些不可剥夺的权利。这个思想自然十分好，但不幸的是许多美国人对此入了迷，他们整天为自己的权利而奔走，动不动就打官司。

一旦不能如愿以偿，往往会产生许多有破坏性的情绪，如怨恨、痛苦、愤怒、仇恨和恐惧，自己给自己增压。

中国人有句话："进一步难上加难，退一步海阔天空。"退一步能大大减少压力。

7. 调整心态

大部分的感情困扰都是人们的思维方式的产物。我们感受到的压力大小，与我们的思维方式有直接关系。而我们的思维方式又是我们的头脑中信息输入的直接结果。计算机专家懂得，计算机输出取决于输入。人脑其实也一样。我们的输出——所说、所想、所做取决于我们的输入：读书看报、看影视节目及其他所见所闻。我们每个人都选择的输出主要有两个：给我们的人生增加动力或是增加稳定性。一心只想到自己的人往往会灰心丧气，结果他们就有压力。如果你发现自己越来越被私事所困扰，你可以花点时间帮助别人，通过帮助别人能治愈自己的心病。

8. 找人交谈

我们遇到的压力，常常是由于我们把感情封闭起来不向别人诉说而产生的。医生常说，长年累月把感情埋在心里，从不外露的人，最容易患心脏病。要避免这种压力，应该建立起一种无论是个人的麻烦事还是好主意都可与别人诉说的人际关系。对大多数人来说，配偶是最能跟自己交谈的人。选择跟谁诉说时，一定要找你可以与之推心置腹交谈的人。这个人不会因为你说的话而给你扣帽子，也不会把你的话拿来做不利于你的事情。

压力通常不是做事太多而产生的。压力常常是你对自己正在做的事情或发生在自己身上的事件的个人观点造成的。你处理压力的方式决定你能否顺利应付压力。有一位压力问题专家说："不懂得怎样对抗忧愁的人死得早。"

人人需要减压，减压的利器在自己手里。

9. 不要攀比

攀比也是带给人的一种压力源。禅师星云在一篇《人比人》的文章写道："人比人，气死人！"

有一个人骑脚踏车，看到别人骑摩托车，他就生气、自卑，自己也去买了一辆马力更大的摩托车。但是，别人又买了小汽车，四个轮子总比两个轮子好！他不服气，又再买了一辆进口的小汽车。不久别人买了"劳斯莱斯"，这时他才慨叹：比来比去，只是增加无限的欲望，对自己毫无益处。

有人居住草屋，看到别人建了瓦房，自己也建瓦房；别人建了高楼，自己也建高楼。房子建多了，住不了，每天还要忙着打扫、清理，因此做了房子的奴隶。

文学家见了哲学家，自己相形见绌，认为哲学义理高深，比起文学的文字之美，更有内涵，更为高贵。哲学家看到现在科技发达，认为自己只是空谈理论，比不上科学家对现代的文明适用。科学家每天埋首在实验室里，却一心羡慕乡村的农夫，渴望自己也能过一过这种悠闲自在的生活。

钻石，不要跟石头比大；花草，不要与松树比高；溪流，不要跟海洋争大；平民，不要跟政治人物比权力。因为钻石的精美、花草的芬芳、溪流的奔放、平民的潇洒，都不是大石、高松、海洋、权力所能比的。各有所得，各有所失。

人也不要比人，她虽然比我美丽，但是红颜多薄命；他虽然比我有钱，但是人为财死；他的名气虽然比我大，但是树大招风，爬得高，跌得也重；他的儿孙比我多、事业比我大，但是他的烦恼也会比我多。

少了攀比，心理自然多了平衡；少了攀比，压力就会减少一大半。

10. 学会快乐

每人心中都有把快乐的钥匙，但我们却常在不知不觉中把它交给别人掌管，结果给自己带来不必要的压力。

一位女士抱怨道："我活得很不快乐，因为先生常出差不在家。"她把快乐的钥匙放在先生手里。

一位妈妈说："我的孩子不听话，叫我很生气。"她把快乐的钥匙交到孩子手中。

一位男人说："上司不赏识我，所以我情绪低落。"他把快乐的钥匙塞在老板手里。

一位婆婆说："我的媳妇不孝顺，我真命苦！"她把快乐的钥匙塞在媳妇手里。

一位年轻人从文具店走出来说："那位服务员态度恶劣，把我的肺气炸了！"他把快乐的钥匙交给了店员。

这些人都做了相同错误的决定，就是让别人来控制自己的心情。当我们容许别人掌控我们的情绪时，我们便觉得自己是受害者，对现实无能为力，抱怨与愤怒成为我们唯一的选择。我们开始怪罪他人，并且传达一个信息："我这样痛苦，都是你造成的，你要为我的痛苦负责！"

此时，我们就把一个重大的责任托付给周围的人，即要求他们使我们快乐，自己无法掌控自己，只能可怜地任人摆布，这种压力是自己造成的。为了减压，我们必须找回自己快乐的钥匙。

什么样的人最快乐，英国《太阳报》曾以"什么样的人最快乐"为题，举办了一次有奖征答活动，从应征的八万多封来信中评出四个最佳答案：

(1) 作品刚刚完成，吹着口哨欣赏自己作品的艺术家。

(2) 正在用沙子筑城堡的儿童。

(3) 为婴儿洗澡的母亲。

(4) 千辛万苦开刀后，终于挽救了危重病人的外科医生。

要使自己成为快乐的人，从第一个答案中，我们知道必须工作，有工作，就会使人快乐。第二个答案告诉我们，要学会快乐，必须充满想象，对未来充满希望。第三个答案告诉我们，要学会快乐，一定要心中有爱——那种无私的、不计报酬的爱。第四个答案告诉我们，要学会快乐，一定要有能力，要有助人为乐的技能。只有这样的人，世人才会给他最美妙的报偿，正所谓予人快乐自己快乐。

四、警惕12种职场心理压力陷阱

1. 总觉得自己不够好（缺乏自信）

这种人虽然聪明，有历练，但是一旦被提拔，反而毫无自信，觉得自己不能胜任。此外，他没有往上爬的野心，总觉得自己的职位已经太高，或许低一两级可能还比较适合。

这种自我破坏与自我限制的行为，有时候是无意识的。但是，身为企业中、高级主管，这种无意识的行为却会让企业为此付出很大的代价。

2. 非黑即白看世界（没有重点地较真）

这种人眼中的世界非黑即白。他们相信，一切事物都应该像有标准答案的考试一样，客观地评定优劣。他们总是觉得自己在捍卫信念、坚持原则。但是，这些原则，别人可能完全不以为然。结果，这种人总是孤军奋战，常打败仗。

3. 无止境地追求卓越（过分追求完美）

这种人要求自己是英雄，也严格要求别人达到他的水准。在工作上，他们要求自己与部属“更多、更快、更好”。结果，部属被拖得精疲力竭，纷纷“跳船求生”，留下来的人则更累。结果离职率节节升高，从而造成企业的负担。

这种人适合独立工作，如果当主管，必须雇用一位专门人员，当他对部属要求太多时，能够大胆不讳地提醒他。

4. 无条件地回避冲突（过分迁就以及没有原则）

这种人一般会不惜一切代价，避免冲突。其实，不同意见与冲突，反而可以激发活力与创造力。一位本来应当为部属据理力争的主管，为了回避冲突，可能被部属或其他部门看扁。为了维持和平，他们压抑感情，结果，他们严重缺乏面对冲突、解决冲突的能力。到最后，这种解决冲突的无能，蔓延到婚姻、亲人、手足与友谊关系当中。

5. 强横压制反对者（霸道专横者）

他们言行强硬，毫不留情，就像一部推土机，凡阻挡去路者，一律铲平，因为横冲直撞，攻击性过强，不懂得绕道的技巧，结果可能伤害到自己的事业生涯。

6. 天生喜欢引人侧目（好大喜功及喜出风头）

这种人为了某种理想，奋斗不懈。在稳定的社会或企业中，他们总是很快表明立场，觉得妥协就是屈辱，如果没有人注意他，他们会变本加厉，直到有人注意为止。

7. 过度自信，急于成功（不能客观评价自己）

这种人过度自信，急于成功。他们不切实际，找工作时，不是龙头企业免谈，否则就自立门户。进入大企业工作，他们大多自告奋勇，要求负责超过自己能力的工作。结果任务未完成，反而想用更高的功绩来弥补之前的承诺，结果成了常败将军。

这种人大多是心理上缺乏肯定，必须找出心理根源，才能停止不断挥棒的行为。除此之外，也必须强制自己“不作为，不行动”。

8. 被困难“绳捆索绑”（过分强调负面的事物）

他们是典型的悲观论者，喜欢杞人忧天。采取行动之前，他们会想象一切负面的结果，因而焦虑不安。这种人担任主管，会遇事拖延，按兵不动。因为太在意羞愧感，甚至担心部属会出状况，让他难堪。

这种人必须训练自己，在考虑任何事情时，必须控制心中的恐惧，让自己变得更有行动力。

9. 疏于换位思考（自我中心主义者）

这种人完全不了解人性，很难了解恐惧、爱、愤怒、贪婪及怜悯等情绪。缺乏将心比心的能力，他们想把情绪因素排除在决策过程之外。

这种人必须为自己做一次“情绪稽查”，了解自己对哪些感觉较敏感；问朋友或同事，是否发现你忽略别人的感受，搜集自己行为模式的实际案例，重新演练整个情境，改变行为。

10. 不懂装懂（自尊心过强）

工作中那种不懂装懂的人，喜欢说："这些工作真无聊。"但他们内心的真正感觉是："我做不好任何工作。"他们希望年纪轻轻就功成名就，但是他们又不喜欢学习、求助或征询意见，因为这样会被人以为他们"不胜任"，所以他们只好不懂装懂。而且，他们要求完美却又严重拖延，导致工作严重瘫痪。

11. 管不住嘴巴（缺乏严谨和规范意识）

有的人往往不知道，有些话题可以公开交谈，而有些内容只能私下里说。这些人通常都是好人，没有心计，但在讲究组织层级的企业，这种管不住嘴巴的人，只会断送事业生涯。

他们必须随时为自己竖立警告标示，提醒自己什么可以说，什么不可以说。

12. 我的路到底对不对（缺乏自信和判断力）

这种人总是觉得自己失去了职业生涯的方向。"我走的路到底对不对?"他们总是这样怀疑。他们觉得自己的角色可有可无，跟不上别人，也没有归属感。

华德普与巴特勒认为：应该重新找出与自己的价值有关的事情，因为这是一个人生命的本质。

每个人或多或少都能看到上述12种行为模式的影子，然而，在迈向成功之路，不论主管或基层员工，都有必要时时检视自己。

（转引自李启明编著：《成功始于意识——企业家智胜术》，经济管理出版社，2004年2月）

思考题

1. 说一说你遇到过哪些压力？是如何缓解的？
2. 为什么说大部分压力是杞人忧天，并不存在的？试举几例。

第八讲 管理好你的心态

——做一个快乐阳光的人

名人名言

● 人下决心想快乐到什么程度，他就能快乐到什么程度，这是你自己能够想到和做到的。

——[美] 前总统 林肯

● 在今天高压力、强竞争的生活环境中，人们已经很难体验到宽松自然，享受生活，闲情逸致的人生态度。相反，自觉或不自觉地出现了突出自我，征服、贪欲、自私、放纵、悲观、消极等不健康心态，不追求人际和谐、友爱、仁慈境界的人，无论外表怎样包装，也掩盖不住内在的劣质心态。

——[加拿大] 形象专家 英格丽·张

● 人与人的差别只有一点点，但小小的差别却有极大的不同。小小的差别是什么，是思维方式；极大的不同是什么，是心态。有的人积极思考，有的人消极对待，有的人开放创新，有的人却保守僵化。心态好，一切皆好。

——无名氏

心态就是内心的想法，是一种思维的习惯状态。荀子曰：“心者，形之君也，而神明之主也。”即“心”是身体的主宰，是精神的领导，是人情绪和意志的控制塔。由于“境由心生”，因此有什么样的心态，就有什么样的人生。张伟、张夏在《心态好，一切都好》一书中劝诫人们：“心情好一点，微笑露一点，嘴巴甜一点，说话轻一点，观念新一点，思路有一点，脑子活一点，做事多一点，气量大一点，脾气小一点，理由少一点，行动快一点，成功早一点。”每一个成功人士，其心态都要比一般人平静、光明、快乐。

案例 8-1 心中无鱼常有鱼

有位年轻人在岸边钓鱼，旁边坐着一位老人也在钓鱼，两人坐得很近，奇怪的是，老人不停地有鱼上钩，而年轻人一整天都没有收获，他终于沉不住气问老人：“我们两人的鱼饵相同，地方一样，你为何能轻易钓到鱼，我却一无所获？”

老人从容回答：“我在钓鱼的时候，心里只知道有我，不知道有鱼；我不但手不动，眼不眨，连心似乎静得没跳动，让鱼也不知道我的存在，所以它们常咬我的鱼饵；而你心里只想着鱼吃你的鱼饵没有，眼睛不停地盯着浮标，见浮标一晃动，就认为有鱼上钩，心情急躁，烦乱不安，情绪多变，你的鱼竿在不停抖动，使浮标和鱼饵也抖个不停，鱼不让你吓走才怪，这样你怎么能钓到鱼呢？”

（转引自张伟、张夏编著：《心态好，一切都好》，学林出版社，2005 年 2 月）

案例 8-2　只要你是对的，世界也是对的

有一个牧师正在为明天的讲授内容犯愁，他看到七岁的儿子一个人没事做，便把印有一张世界地图的一本杂志的大型封面撕成许多碎片交给他，说："把地图拼好了。"他以为儿子会花上几个小时才能拼好地图，结果十几分钟后，儿子就把拼好的地图拿给他看，他万分惊讶，问儿子怎么拼的。儿子告诉他："很简单，地图的背面是一个人的图像，我先把一张纸放在地上，然后用碎片先拼人的图像。反过来，不就是世界地图了吗？只要人是对的，那世界也是对的。"牧师一听，高兴地拍拍儿子："我知道明天讲什么了——只要你是对的，世界也是对的。"

(引自陈龙海等汇编：《培训故事全书》，海天出版社，2005 年 4 月)

第一个案例给我们的启示是，平和的心态常常会有更多的收获，急功近利往往达不到预期的效果。

第二个案例则告诉我们，当你没有办法改变环境的时候，只能努力去改变你自己。有一句话说得好："智者的思想每天都要改变三次，而愚者则永远没有足够的智慧去顺应变化了的环境。"美国前总统林肯说："人下决心想快乐到什么程度，他就能快乐到什么程度，这是你自己能够想到和做到的。"

一、成功源于心态

哈佛大学一项专门研究证明，人们获得成功或取得成就的原因，85%是因为我们内心的态度，而只有 15%归于我们的知识和技能。可是当今社会上绝大多数人把大部分精力都放在专业知识和技能的学习上，却忽略了占 85%决定因素的内心态度的培养，这难道不是一个太大的失误和颠倒？

有一位哲学家指出，人与人之间的差别只有一点点，但小小的差别却有着极大的不同。小小的差别是什么，是思维方式；极大的不同是什么，是心态。是积极性心态，还是消极性心态；是保守性心态，还是创造性心态。也有人曾讲过"两个秀才赶考"的故事：有两个秀

才进京赶考，刚出家门，遇到一户人家抬着棺材送葬。其中一个秀才说，今天真糟糕，碰到死人真晦气，今年肯定考不中了。另一个秀才则说，今年运气真好，一出门就遇到了“官”和“财”，看来有望考中了。由于心情不一样，前者落第，后者中榜。

还有一个“一盆花”的故事，说的是有一对夫妻开车路过一家乡下的餐厅，停车用餐时，太太借用了这家餐厅的化妆室。她一进化妆室便看见一盆盛开的鲜花摆在一张旧式但却非常雅致的木头桌子上。

洗手间里收拾得很整齐，可以说是一尘不染，这位太太使用过之后，也主动地把洗手台擦拭得干干净净。

太太上车前，对餐厅的老板说：“化妆室的那盆鲜花可真漂亮。”

“这位太太，你知道吗？我在那里摆鲜花，已经有数十年了。你绝对想不到那样小小的一盆花替我省了多少清洁工作。”老板得意地说。

二、职场中的“五大心魔”

何坤峰在《有问题，找自己》一书中总结了职场中的所谓“五大心魔”，即不满意、不理解、不公平、不服气、不平衡。这东西让人失去理智，能把一个正常的人扭曲得不成样子，能使一个人的心态与言行和魔鬼同行。于是就会出现各种病态心态：如“没啥意思”心态。很多年轻人追求新鲜，追求刺激，追求有意思。这个工作太单调，没啥意思；那个工作太平常，缺乏挑战，没啥意思。有了“没啥意思”心态，开始热心，中间失去信心，结局彻底灰心。再如“凭什么”心态。我凭什么听你的？我凭什么受你管？这事别人都不做，凭什么让我做？三个“凭什么”是很多员工常犯的幼稚病。不服领导，认为自己比他人强，不听安排，认为领导整自己。最后不是领导让走人就是自己走。解开心魔需要自己教育自己、自己说服自己、自己调整自己。

如果做不到这一点，当员工也未必合格，当经理就更没有资格了。现实没有绝对满意，没有绝对公平，让你满意就意味着让别人不满意，对你公平就意味着对别人不公平。无论你到什么地方，都无法事事让你满意、事事都让你觉得公平。既然如此，与其追求不现实的满意，不如做好现实的工作。有领导曾指出：“心魔太重的人越是有能力，越是不能用。”

心理学上有一个著名的术语叫做“瓦伦达心态”。瓦伦达是美国一个著名的高空走钢丝绳表演者，在一次重大表演中不幸失足身亡。他的妻子已有预感，知道他可能会出事。为什么呢，因为他在上场前总是不停地说，这次太重要了，不能失败，绝不能失败。而他以前的每次表演，绝不像今天这么紧张，而是放松去表演。后来，人们把这种过分担心事态的结局，内心充满患得患失的心态，叫做“瓦伦达心态”。

故事告诉我们，当你已经开始做一件事情时，千万不要有太强的目的性，不要考虑与此事没有关系的事，不要让功利心干扰你的行动。古人讲：“淡泊以明志。”过分地追求某一事物，就会失去一颗平常的心，事情往往适得其反。

三、我们需要保持的八种心态

1. 从“心”出发，用“心”做事

有一位昆虫学家和他的商人朋友一起在公园里散步、聊天。忽然，他停住了脚步，好像听到了什么。“怎么啦？”他的商人朋友问他。昆虫学家惊喜地叫了起来：“听到了吗？一只蟋蟀在鸣叫，而且绝对是一只上品的大蟋蟀。”商人朋友很费劲地侧着耳朵听了好久，无可奈何地回答：“我什么也没听到！”“你等着。”昆虫学家一边说，一边向附近的树林小跑了过去。不久，他便找到一只大个头的蟋蟀，回来告诉他的朋友：“看见没有？一只白牙紫金大翅蟋蟀，这可是一只大将级的蟋蟀哟！怎么样，我没有听错吧？”“是的，您没有听错。”商人莫名其妙地问昆虫学家：“您不仅听出了蟋蟀的鸣叫，而且听出了蟋蟀的品种——可您是怎么听出来的呢？”昆虫学家回答：“个头大的蟋蟀叫声缓慢，有时几个小时只叫两三声。小蟋蟀叫声频率快，叫得也勤。黑色、紫色、红色、黄色等各种颜色的蟋蟀叫声各不相同，比如黄蟋蟀的鸣叫声里就带有金属声。所有蟋蟀的鸣叫声只有极其细微、甚至用语言难以形容的差别，你必须用心才能分辨得出来。”

他们一边说，一边离开了公园，走在马路边热闹的人行道上。忽然，商人停住了脚步，弯腰拾起一枚掉在地上的硬币。而昆虫学家依然大踏步地向前走着，丝毫没有听见硬币落地之声。

这个故事说明了一个道理：你的心在哪里，你的成功就在哪里，

你的财富就在哪里。昆虫学家的心在虫子们那里，所以他听得见蟋蟀的鸣叫；商人的心则在钱那里，所以他听得见硬币的响声。

人生之路始于“心”。只要从“心”出发，用“心”做事，成功就会向你靠近。

2. 战胜自我，从小事做起

俗话说：“战胜别人容易，战胜自己难。”战胜自我，首先必须了解自我。有一个故事讲：编辑部有一位美编，人物肖像画得特好，几乎给每个同事都画过，人人都说他画得挺像的。可让同事觉得奇怪的是，他却从未给自己画过一张肖像。问原因，他说画不好。大家不禁心生诧异：“这有什么难的？”他笑着回答说：“画别人，即使是一个陌生人，只要仔细观察，捕捉到他最细微的神态特征，就必定能把他画好。可是画自己，却怎么也画不好。做个游戏吧，你闭上眼睛，试试回忆一下母亲的模样。”同事照做了，母亲慈爱的眼神、温暖的笑容便浮现在脑海里。美编忽然对同事说：“现在，想象一下你自己。”同事的思维在瞬间仿佛凝滞了，我自己？我只知道自己穿着西服、戴着眼镜，可是怎么也想不起自己的眉毛、眼睛等具体的样子。大家终于明白了这位美编的苦衷。

原来，在这个世界上，我们最不了解的人，竟然是自己！美编接着说：“也许我得请别人给自己画一幅像，然后把自己当别人来欣赏、挑剔、把握，那样，我或许就可以成功地为自己画一幅像了。”

著名管理学家德鲁克说：“大多数人都以为清楚自己的长处所在，其实不然。一般人比较清楚自己的弱点，但是知道自己所长更为重要。”那么怎么才能战胜自我呢？

首先，战胜自我，是对意志的考验，是对勇气的测试。战胜自我难，难就难在没有战胜恶习、恶性的勇气和魄力，难就难在没有钢铁般的意志和坚忍不拔的精神。就拿戒烟来说吧，大家都知道吸烟的危害，可是吸烟的人数并不见减少，而且一些地方还有上升趋势。常听人说：“哎，戒不了，戒了多少次了，最后还是离不开它。”真正能够下定决心与烟诀别的人屈指可数。世界上没有克服不了的困难，只有被困难吓倒的人。难道战胜自己就这么困难吗？

其次，战胜自我，必须从小事做起。刘备在遗书上写道：“勿以善小而不为，勿以恶小而为之。”不要忽略生活中的小事情，将每一件小事情做好，也是对你的肯定。肯定的方式往往激励你继续前行，直到取得更大的胜利。你的毛病、坏习惯不是一日养成的，而战胜自我也需要长期的过程，不放过每一件小事情，从每一件小事情上下手，日积月累，你的弱点就会被你的意志和恒心击败。

再次，一个人仅仅战胜自我还不够，还必须学会超越自我。

人类学、生物学、心理学都证明了人有巨大的潜力。早期研究认为，正常人只运用了潜力的一半；20世纪初，美国心理学家詹姆斯认为正常人仅运用了自身潜力的10%；20世纪80年代，心理学家奥托认为，正常人的潜力只用了4%；近几年来比较权威的观点认为，即使是最成功的人也只用了自身潜力的5%。用一个形象的比喻，一个普通人如果仅发挥他一半的潜力，就能轻易地掌握40多种外语，学完几十门大学的课程，可以将几米厚的大百科全书从头到尾背下来。

人类有如此巨大的潜力有待挖掘，而激发潜力的最重要途径就是培养战胜自我、超越自我的积极心态。

3. 始终保持光明乐观的心态

正如一枚硬币有两面一样，人生也有正面和背面，光明、希望、愉快、幸福……这是人生的正面；黑暗、绝望、忧愁、不幸……这是人生的背面。乐观的人总是能看到事物光明的一面，因而会随时扭转败局而取得成功。

明人陆绍珩说，一个人生活在世上，要敢于“放开眼”，而不是向人间“浪皱眉”。

“放开眼”和“浪皱眉”就是对人生两面的选择。你选择正面，就能乐观自信地舒展眉头，迎对一切；你选择背面，就只能是眉头紧锁，郁郁寡欢，最终成为人生的失败者。

悲观失望的人在挫折面前，会陷入不能自拔的困境；乐观向上的人即使在绝境之中，也能看到一线生机，并为此而努力。

有两个穷困潦倒的人，手里都只有一元钱了，悲观的一位说：“唉，只剩这一元钱了！”而另一位则乐呵呵地说：“嗨，我还有一元钱呢！”

我们都有这样的感受：快乐、开心的人在我们的记忆里会留存很长的时间。因为我们更愿意留下快乐的而不是悲伤的回忆，每当我们回想起那些勇敢且愉快的人们时，总能感受到一种亲切感。

“即使到了我生命的最后一天，我也要像太阳一样，总是面对着事物光明的一面。”诗人胡德说。

到处都有明媚宜人的阳光，勇敢的人一路纵情歌唱。即使在乌云的笼罩之下，他也会对未来充满美好的期待，跳动的心灵一刻都不曾沮丧悲观过；不管他从事什么行业，都会觉得工作很重要、很体面；即使他衣衫褴褛，也无碍于自己的尊严；他不仅自己感到快乐，也给别人带来快乐；他不仅自己成功，也让别人成功。这样，他也就是一个众望所归的人。

有句话说得好：“积极的人像太阳，走到哪里哪里亮；消极的人像月亮，初一、十五不一样。”心态有感染力，一人乐观，大家乐观，也只有乐观的人才能把其他人团结到一块儿。看看那些有影响力的成功人士，又有哪个是悲观和消极的呢？

为人处世应该保持一个乐观光明的心态。想想吧，点头微笑，低头数钞票，和气生财等都是商人的经验真谛，它充分说明，只有时刻保持乐观、积极的人生态度，才能获取成功并鼓舞他人走向成功。

4. 始终保持积极进取的心态

人的头脑很神奇，积极的心态能让你不断地往大脑中枢输入正面的信息，自动过滤和删除负面的信息，不断开启你的心智，想出办法，解决问题。积极是内心的昂扬向上的状态，这时，如果你的心里能够设想和相信什么，你就能够用积极的心态去获得什么。有一个“一只蜘蛛和三个人”的故事：一天雨后，一只蜘蛛艰难地向墙上已经支离破碎的网上爬去，由于墙壁潮湿，它爬到一定的高度，就会掉下来，它一次次地向上爬，又一次次地掉下来……

第一个人看到了，他叹了一口气，自言自语：“我的一生不正如这只蜘蛛吗？忙忙碌碌而无所得。”于是，他日渐消沉了。

第二个人看到了，他说：“这只蜘蛛真愚蠢，为什么不从旁边干燥的地方绕一下爬上去呢？我以后不能像它一样愚蠢。”于是，他变得聪明起来。

第三个人看到了，他立刻被蜘蛛屡败屡战的精神感动了。于是，他变得坚强起来。

有成功心态的人，处处都能发现成功的奥秘，从而不断地增加成功的力量，引领自己逐步走向成功。

如何培养人的积极心态，成功学家拿破仑·希尔提出了七个步骤，实际上是告诉我们保持积极心态的方法。

（1）重塑心中的偶像，使自己的言行像你心目中所希望的那样。积极心态的培养与行动密切相关，没有行动，任何想法都是空谈的。你心目中的偶像可以是一个人，也可以是一类人。可以是具体的，也可以是抽象的。在你的头脑中树立一个积极乐观的形象，在做任何行动的时候，告诉自己，所做的行动必须与心目中的形象相一致。为什么至今我们还在提倡学雷锋，学铁人王进喜，学县委书记焦裕禄的好榜样，就是为了给大家树立一个高尚的偶像。

（2）把自己看成胜利者。大多数人遇到沮丧的事情时，整个身心都沉浸在痛苦之中。如果此时你对自己大声地喊一声：我不是失败者，我是以后的胜利者！你的精神将为之一振，立即兴奋起来。中国每隔两年一次的“青年歌手大奖赛”。有的人被淘汰后泪流满面，有的歌手却很坚强，并说：“我今天能站在央视舞台上就已经胜利了，不是失败者。”

（3）学会用美好的心情去感染别人。每个人都希望得到灿烂的阳光，一旦你带着快乐的心情去和别人交往，快乐也能传递给别人，这样的连锁反应既能让自己感觉到快乐，也能让别人变得快乐。没有人愿意成天和苦菜花待在一块儿。尝试着改变自己的心情，当你用微笑告诉别人你的心情时，别人同样会以微笑回报你。

（4）学会给予和奉献。给予和奉献是人类的一种美德，但你想到过给予和奉献会激发你的热情吗？给予和奉献能够体现一个人的道德品质，也能体现一个人的社会价值。同时，给予和奉献能带给人愉快的心情。不知道你有没有这样的体会，每当你帮助别人时，自己的心情也会变得快乐。因此，许多慈善家经常到孤儿院、敬老院去募捐慰问，给人快乐，也给自己带来快乐。

（5）心怀感激。生活中多一份抱怨就多一份烦恼。当我们以一种感激的心情环视我们周围的人和事时，心也就会放得更宽。有一位哲人曾说过：“在这个世上，没有任何人应该为你做什么事。包括父母为子女，子女为父母，亲朋为自己，因此要学会感激，不要因为别人的过失而指责别人。宽恕别人也等于安慰自己。”

（6）不要经常说消极词语。经常抱怨的人总喜欢说一些“我真累”、“我真痛苦”、“我好郁闷”之类的话，久而久之，这种消极词语会磨损你的自信和激情，是一种看不见的销蚀剂。

（7）学会自我激励。当你胆怯的时候，学会给自己打气“别害怕，一定会冲过去的”；当你遭遇失败的时候，告诉自己“别灰心，胜利最终属于我”；当你犹疑不决时，给自己强行下一个命令“拿出你的魄力，别再磨磨蹭蹭的”。自我激励是一个持续性的过程，它必须要坚持到心态完全转变。

进取心是实现目标不可缺少的要素，它会使你进步并受到关注，还会给你带来机会。

一位成功学者曾经说过：“有两种人绝不会成大器，一种是除非别人要他做，否则绝不主动做事的人；另一种人则是即使别人要他做，也做不好事情的人。”那些不需要别人督促，就会主动去做应做的事，而且不会半途而废的人必将成功，这种人懂得要求自己多付出一点，而且做的比别人预期的更多。你的每一次付出，都将被存在你迈向成功的银行卡里。

5. 始终保持创新求变的心态

创新是社会发展和民族振兴的灵魂，创新是事业长盛不衰和持续发展的原动力。人生，不就是不断走出一个又一个的“围城”，不断地否定、寻找和发现自我吗？不要惧怕变化。哲学原理告诉我们变是绝对的，不变是相对的。当今世界，唯一不变的是变，以变应变和在别人未变之前我先变，这是社会竞争的赢家要领之一。我们都听过老版的“三个和尚没水吃”的故事：一个和尚挑水吃，两个和尚抬水吃，三个和尚没水吃。说明人多反而不如人少管用。而现代版的“三个和尚的水吃不完”，主要是体现在创新上。讲的是一座山上有三座庙，都有三个和尚，每座庙离河边都很远，怎么解决吃水问题呢？

第一座庙：和尚挑水的路比较长，一天挑了一缸就累了，不干了。于是，三个和尚商量，我们搞接力赛吧，每人挑一段。第一个和尚从河边挑到半路，停下来休息；第二个和尚继续挑，又传给第三个和尚，挑到缸边把水灌进去，空桶回来再接着挑。这样，一搞接力赛，就能从早到晚不停地挑，大家都不累。水很快就挑满了各缸。这叫机制创新。

第二座庙：三个和尚在一起协商，立下了新的规定，引进竞争机制。三个和尚都去挑水，谁的水挑得多，晚上吃饭加一道菜；挑得少，吃白饭，没菜。三个和尚拼命去挑，一会儿水就满了。这叫管理创新。

第三座庙：三个和尚商量，天天挑水太累，我们想个办法。山上有竹子，把竹子砍下来连在一起，竹子中心是空的，然后买一个辘轳。第一个和尚把一桶水摇上去，第二个和尚专管倒水，第三个和尚在地上休息，三人轮流换班，一会儿，水就灌满了。这叫技术创新。

机制创新搞协作，管理创新搞竞争，技术创新搞效率。创新实际是创造一种资源，创造一个市场。美国著名经济学家熊彼特讲："创新是指新产品的开发，新市场的开拓，新生产要求的发现，新生产方式的引进，新组织形式的实施。"创新的心态要求我们把熟悉的东西看成陌生的另类思考，把陌生的事物再以熟悉的态度去关注。求变的心态要求我们观念更新，目标重构，重心转移，策略重构。世界著名科学家贝尔说："构成我们思想最大的障碍是已知的东西，而不是未知的东西。"著名文学家莎士比亚讲："别让你的思想变成你的囚徒。"

6. 始终保持宽容平和的心态

这个世界有太多的诱惑，因此也有因太多的欲望满足不了而产生的痛苦。一个人要以清醒的心智和从容的步履走过岁月，在他的精神与心态中必定不能缺少淡泊与平和。否则，他不是活得太忧郁，就是活得太无聊。淡泊与平和不是不求进取，不是没有追求，不是无所作为，而是以一颗纯美的心灵对待生活，从容面对一切意外。有一个故事：从前，有一位住在山中修行的禅师，夜里散步归来，眼见自己的茅屋遭遇小偷光顾，找不到任何财物的小偷正要离开，却在门口遇见了禅师。原来，禅师怕惊动小偷，一直站在门口等待，且早把自己的外衣脱掉拿在手中。

小偷遇见禅师，正感到惊愕之时，禅师说："你走老远的山路来探望我，总不能让你空手而回呀！夜深了，带上这件衣服走吧！"说着，就把衣服披在了小偷身上，小偷不知所措，低着头溜走了。

禅师看着小偷的背影消失在山林之中，不禁感慨地说："可怜的人！但愿我能送一轮明月给他，照亮他下山的路。"

第二天，禅师在温暖的阳光的抚摸下睁开眼睛。看到他披在小偷身上的外衣被整齐地叠好，放在门口，禅师高兴地说："我终于送了他一轮明月！"

"人生在世，草木一秋"，宇宙之无垠，人生之短暂，只有使自己的心变得像星空一样深邃，像大海一样宽阔，人生才能变得更有意义。宽容使人的心灵得到升华，心境会在升华中找到平静，人生会在平静中得到幸福。

还有一个“舌头和牙齿谁厉害”的故事，也是教人如何平和从容处世的道理。

我国殷商时期有一位很有学问的人叫商容，在他生命垂危的时候，老子来到了他的床前，问候说：“老师，你还有什么要教诲弟子的吗？”

商容张开嘴巴让弟子看，然后说：“你看我的舌头在吗？”老子大惑不解地说：“当然还在。”商容又问：“我的牙齿还在吗？”老子说：“全部落光了。”

商容目不转睛地注视着老子说：“你明白这是什么道理吗？”老子沉思了一会儿说：“我想这是过刚的易衰，而柔和的却能长存吧？”

商容点头笑了笑，对他的这个杰出的弟子说：“天下的许多道理几乎全在其中了。”

过刚的易衰，而柔和的却能长存，做人处事，从政、经商、办企业，一切同理可循。

7. 始终保持热忱洋溢的心态

热忱是一团火，燃烧你的全身，也感染了别人。

热忱首先表现在对生命的热爱。“哀莫大于心死”，当一个人对生命失去信心，觉得毫无意义的时候，是最可怕的。人生如此的短暂，容不得我们浪费一分一秒。只有让内心充满对生命、对生活的热爱时，他才会好好经营自己的人生，才能思考如何让生活变得更加有意义，才能享受快乐、享受喜悦、享受成功、享受生活中一切美好的东西，从而更能激发我们对生活的热爱。

热爱生活就应该让生命中的每一刻变得有价值。当我们为了事业打拼的时候，我们感受到的是胜利的喜悦，自我价值的肯定；当我们与家人、朋友团聚的时候，我们能感受到亲情的温暖，友谊的润泽；当我们外出郊游观赏大自然的创造时，我们领略到的是自然的魅力。

热爱生活就应该学会付出自己的爱。爱是生命的源泉，无论你处于人生的高峰还是低谷，不要忘记爱的存在。每个人都需要爱，付出你的爱，对家人、对朋友、对陌生人……爱让你的生命充满阳光！

同时热忱也是一种能量，让你不断挖掘自身的潜能，充分发挥你的实力。

热忱还有一种奇特的功能，它能够让你全身心地投入到某一件事情中，忘记疲劳，忘记吃饭睡觉。巴尔扎克在创作《人间喜剧》时，写作经常通宵达旦，废寝忘食。他说："我总感觉有一股强大的力量支撑着我，让我的笔一直不停地写，头脑中思绪不断，想停止都不可能。我不知道疲倦什么时候会到来，只有当我完成一部创作的时候，我才感觉到生理上的疲倦，而我创作的热忱却再次将它们赶走了。"

如果你是一个领导者或管理者，你对工作必须具备比下属更大的热忱。因为你的一言一行，将会对下属产生重要的影响，下属往往以你的行为态度作为他做事的标准。你做事拖拖拉拉，毫无生气，那你的下属同样也会效仿。对工作缺乏热忱，不认真考核员工的工作，不专心听取员工的意见，让他们觉得没有受到重视，其积极性就会受到压抑，热忱就无法产生。

一个好的教练，他的成功就在于能将每个运动员的积极性调动起来，让他们对奋斗目标产生更大的热忱。热忱具有传染的能力，人们往往会受到身边的人的态度的感染，特别是积极态度感染力更强。一旦调动了一小部分人的热情，其他人就很容易随之产生热情，整个集体就变得有活力。

8. 始终保持辩证统一的心态

所谓辩证统一的心态就是要学点辩证法，思考问题不要非黑即白，非左即右，或"一根筋"，要给自己和别人都留有余地。大家都熟知"塞翁失马，焉知非福"的故事。讲的是，从前，在遥远的山冈上住着一位老人，还有他的儿子和一匹骏马。

一天早上，老人发现骏马不见了。邻居们纷纷前来安慰老人，对他失去骏马的不幸表示同情。老人说："谁告诉你们这是一场灾难呢?"邻居们默默地返回了自己的家中。

没过几天，那匹骏马自己主动回到了主人家中，而且还带来一群野马。邻居们又来到老人家中，高兴地祝贺这丰盛的收获和难得的幸运。老人却平静地说："谁告诉你们这是幸运和福气呢！"邻居们感到愕然，带着疑惑离去了。

又过了一些日子，老人的儿子开始训练这群野马，结果，一匹烈马使他摔断了腿。邻居们再次来到老人家里安慰他，向老人表达了对其儿子遭遇的痛惜之情。但老人温和地说："谁跟你们说这是不幸呢?"邻居们又默默地离去了。

第二年，战争爆发了，山里的所有青壮年都应募出征了，纷纷踏上战场。几个月后，老人所在的村庄里，除了老人的儿子，其他所有的青壮年都送命了，而老人的儿子因为腿瘸免上战场，结果保住了性命。

幸运与不幸运彼此相随，像水车往复循环，常转不停，我们不可用停滞的、静止的心态看待不断发展变化的事物，那样只会挡住我们的视线。

思考题

1. 试举一两个心态好、一切皆好的典型事例，令自己反思。
2. 如何保持一个良好健康的心态？你个人有何体验?

第九讲 管理好你的习惯

——做一个有条理的人

名人名言

- 习惯仿佛是一条缆绳，我们每日为它缠上一股新索，不要多久就会变得牢不可破。

——［英］教育家 曼恩

- 在你的生活中，某一行为反复出现时，它便成为你的习惯，包括好习惯和坏习惯。

——边哲

- 成功人士并不见得比其他人聪明，但是好的习惯让他们变得更有教养、更有知识、更有能力、更有效率、更有条理、训练有素、准备充分。

——宋佳琳《改变习惯，改变命运》

习惯是一种惯性。当你在生活中，某一行为反复出现时就形成了一种习惯。正如鲁迅先生说："世界上本来没有路，走的人多了也便成了路。"我们应该养成好习惯，摒弃坏习惯。

案例 9-1 大烟鬼的觉醒

美国石油大亨保罗·盖蒂曾经是个大烟鬼，烟抽得很凶。有一次，他度假开车经过法国，天降大雨，开了几小时车后，他在一个小城的旅馆过夜，吃过晚饭，疲惫的他很快就进入了梦乡。

清晨两点钟，盖蒂醒来，他想抽一根烟。打开灯，他自然地伸手去抓睡前放在桌上的烟盒，不料里面竟是空的。他下了床，搜遍衣服口袋，毫无所获，他又打开行李，希望能发现他无意中留下的一包烟，结果他又失望了。这时候旅馆的餐厅、酒吧早关门了，他唯一希望得到香烟的办法是穿上衣服，走到几条街外的火车站去买，因为他的汽车停在距旅馆有一段距离的车房里。

越是没有烟，想抽的欲望就越大，有烟瘾的人大概都有这种体验。盖蒂脱下睡衣，穿好了出门的衣服，在伸手去拿雨衣的时候，他突然停住了。他问自己："我这是在干什么?"

盖蒂站在那儿寻思，一个所谓的知识分子，而且是相当成功的商人，一个自以为有足够理智对别人下命令的人，竟要在三更半夜离开旅馆，冒着大雨走过几条街，仅仅是为了得到一支烟。这是一个什么样的习惯，这个习惯的力量有多么强大?没一会儿，盖蒂下定了决心，把那个空烟盒揉成一团扔进了纸篓，脱下衣服换上睡衣回到床上，带着一种解脱甚至是胜利的感觉，几分钟就进入了梦乡。从此以后，保罗·盖蒂再也没有碰过香烟，他的事业越做越大，成为世界顶尖富豪之一。

（根据宋佳琳编著《改变习惯，改变命运》一书改编，中国纺织出版社，2006年2月）

盖蒂的故事告诉我们，习惯的力量有多大！但习惯并不是不可改变的，只要有决心和毅力，我们就能摒弃坏习惯，养成好习惯。

一、习惯造就美好人生

宋佳琳在《改变习惯，改变命运》一书中指出："多一个好习惯，就多一份自信；多一个好习惯，就多一份成功的机会；多一个好习惯，就多一份享受生活的能力。"比如，凡是伟人都有手不释卷的好习惯。毛泽东睡的硬板床的"半壁江山"属于书；马克思在大英图书馆中痛苦地思索，地上留下"一道沟"；列宁在狱中起草文件，一天连用6瓶墨水。这是因为他们有读书的习惯，思考的习惯，有记录和表达自己思想的习惯，所以才能写出亿万民众想说的话，让半个地球的人改变了命运。许多成功的企业家也都有勇于拼搏、勇于冒险、勇于创新、永不言败、自信、自尊的好习惯。GE公司总裁韦尔奇的习惯是"自我改造，自我更新，不改革，毋宁死"。IBM公司CEO郭士纳的习惯是相信"大象也能跳舞"。海尔首席执行官张瑞敏的习惯是"不断学习，快速反应，关注未来"。一个好的习惯一旦形成，可以说无坚不摧；反之，将一事无成。

1. 习惯的三大特点

习惯一般具有三大特点：

首先是惯性。如果没有外界的干扰、影响或自己的控制，这种行为将保持不变。对于坏习惯而言，你要改变它，只能破坏它存在的前提条件——改变客观环境，不让坏习惯有滋生的土壤。

其次是反复性。养成好习惯不容易，必须让好行为反复多次，才能形成惯性。如开会守时，必须反复强调并用制度固化下来；改掉坏习惯也不容易，必须让阻挠行为重复多次。如戒烟，不可能一蹴而就，要警钟长鸣。

再次，习惯也是可以控制和改变的。认识习惯的目的就是让我们利用这些特点，为我们的学习、生活、工作服务，使我们养成一个好习惯，去掉一些坏习惯。好习惯一经养成，我们说话办事就容易多了。有一次送朋友出门，朋友在上车之际临时提出要去他们家看看新房子。我担心家里房门未锁，想折转回去看一下。他说："你有外出锁门的习惯吗？”我说：“一般不会不锁门就出去。”他说：“那就不用回去了。”正因为我坚信自己的习惯，所以放心地走了。

2. 生活中常见的不良习惯

习惯对我们的生活有太多的影响，它在不知不觉中，长年累月地影响着我们的品德，暴露出我们的本性，左右着我们的成败。生活中常见的几种不良习惯如下：

（1）吸烟、酗酒的不良习惯。科学家实验表明，一支香烟可散发2000毫升烟雾，如果在室内吸烟，就会使不吸烟的人受到侵害。同经常吸烟的人在一个房间里生活和工作，患气管炎、肺癌的概率将大大提升。父母吸烟，子女的先天畸形率和死亡率比正常情况下要高出许多。过量饮酒不仅损害肌体，包括消化系统、神经系统、循环系统等，而且还会丧失人格。有了饮酒嗜好之后，随着酒精中毒程度的加深，有的人会显得玩世不恭、多愁善感、冷漠无情。有的人酒后语无伦次、口出狂言、惹是生非、影响个人形象。

（2）不良饮食生活习惯。吃饭睡觉是维持人体正常运行的两大要素。有的人却在吃饭上养成许多不良习惯，如不吃早餐、暴饮暴食、偏食、不注意饮食卫生，这都会对人体健康造成不良影响。有的人睡觉昼夜颠倒，睡眠不足，引起精神不振。

（3）娱乐无度，玩起来不顾一切的习惯。有的人打台球、打扑克、打麻将、玩游戏机通宵达旦，影响休息和健康。

（4）思想保守、固执己见的定式思维习惯。有人讲固执比愚昧更可怕。不打破习惯性保守性思维习惯，不可能有创造和创新。

（5）不守时的习惯。与人相约，往往不能准时到达，失去信用，也耽误他人时间。

史蒂芬·柯维曾经这样定义习惯：“知识”、“技巧”与“欲望”三者的混合体。他指出，知识是理论性的观念，指点我们“做什么”及“为什么做”。技巧是指“如何做”。欲望则是“想做”，表示我们有付诸行动的愿望。要培养一种习惯，这三项要素缺一不可。

如何改变老习惯，首先要从改变观念入手。观念一旦改变，对外界的看法自然也就不同，而且又会回过头来影响自我，形成一个良性循环。所以我们应该从“知识”、“技巧”与“欲望”三方面努力，突破旧有观念的束缚，使个人与人际关系都能更上一层楼。

改变习惯的过程可能很不好受，毕竟习以为常的事物比较安全，但为追求一生的幸福与成功，暂时牺牲眼前的安适或利益，也是值得的。经过一番努力与牺牲所换来的果实，将更为甜美。

其次，要养成好习惯。好习惯在我们日常生活中能起到很重要的约束作用。比如，早睡早起的习惯能让你精力充沛，有利于身体健康。你一旦养成这种习惯，就不会因为早晨想睡懒觉而又必须起床而倍感难受。养成一种好习惯，就意味着放弃了另一种坏习惯。

但习惯的养成绝不是一次、两次的行为就可以形成的，它需要一个长期的过程。只要你坚持行动，时间长了好习惯自然就形成了。

美国有一位著名作家在总结成功时是这样描述他的写作过程的："我打算写一本书时，没有想它是那么的繁重，我起先只是在考虑每一个部分该怎么写，没想到坚持下来，一部分一部分地写，书就写成了。"

习惯也是如此，每一次积极的行动都将让你对某一习惯的信念更坚定一次。如果你认为养成某一好习惯比较困难，那么不妨利用好每一次积极的行为，当这些积极的行动累积到一定的程度时，你就会惊奇地发现你的目的已经达到。

二、养成良好的工作习惯

1. 养成敬业的习惯

所谓敬业，就是要敬重你的工作。从浅层次上来讲，你要对单位或公司负责，"拿人钱财，替人消灾"，对领导同事有个交代；从深层次上来讲，你也要对自己负责，把工作当做自己的事业，要有一定的使命感和道德感。为此，必须认真做事，一丝不苟，并有始有终。试看如今多如牛毛的招聘启事，哪一则启事不是把工作敬业放在首要位置？如某公司招聘部门主管，开出的基本条件是：①做事踏实，追求完美，有较强的组织、协调能力。②注重工作效率，有良好的工作习惯，懂得管理时间。③具备良好的沟通能力，团队合作精神强。④对工作充满热情，能够适应较大的工作压力。没有良好的敬业精神，招聘单位绝不会去养"懒汉"，或招一个朝秦暮楚，能混就混的消极怠慢工作的人。

为了培养敬业精神，工作一定要愉快。不要把工作当做一种负担，要把工作看做实现创造力的一种方式，当做一门艺术来创造，当做一种自我满足而娱乐。

现实生活中的每一项工作都可以成为一种具有高度创造性的活动。一位教师上好一节课不逊于编排一出精彩的戏剧；而一位家庭主妇的一日三餐也可像设宴一样，会对桌布、餐具具有独特的鉴赏力，也能别出心裁地表现出充分的创造性。

每个人都应该把自己的工作当成艺术创作，把自己单调、枯燥的打字看成是在钢琴前创作新的圆舞曲，把厨房炒菜看做是油画创作，油、盐、酱就是你的颜料，炒出的新花样就是你创作的作品。

2. 养成勤奋的习惯

美国一本知名杂志对工商、文艺、体育、政界近百位成功人士进行调研，发现他们的天赋、智慧、机遇、能力、勤奋、斗志、毅力等十几个成功要素中，排在第一位的是勤奋。勤奋是成功的敲门砖。

俗话讲："天才出于勤奋。"古人讲："勤能补拙。"一个人对工作失去勤奋，不可能产生卓越的效果。美籍华人丁肇中，为了探索物质世界的秘密，常常废寝忘食地搞试验。为了做好一个实验，经常几天几夜待在物理实验室里不出门。经过长期艰苦的潜心研究，终于发现了J粒子，从而获得了诺贝尔奖。试看当今我国一些崭露头角的科学家、企业家、跨世纪新型人才，哪一个不是因勤奋奋斗而获得成功的？实践证明，只要勤奋工作，终会有回报。你的每一次付出，都将会存在努力的存折上。

3. 养成虚心的习惯

毛泽东同志早就教导我们："谦虚使人进步，骄傲使人落后。"有的人刚参加工作或成绩不甚突出的时候还比较虚心，一旦获得些许成绩或担任一定领导职务后往往不知"天外有天，人外有人"，往往官大气粗，趾高气扬，目中无人。重大的事项也不与同事商议就决策，对曾经领导过他的老同志也不屑一问，对部下更是颐指气使，使自己失去了更多听取真知灼见的机会。

4. 养成积极思考的习惯

心理学家指出，如果你每天花费一个小时思考某一问题，五年之后你就会成为那个领域的专家。我们说人与动物最大的差别是什么，是思维，人与人的差别又是什么，也是思维。所不同的是有的人用心去思考，有的人则陷入世务疏于思考；有的人是积极性思考，有的人则是消极地去思考。爱因斯坦狭义相对论的建立，就经过了“10年的思考”。他说：“学习知识需要思考、思考、再思考，我就是靠这个学习方法成为科学家的。”

黑格尔在著书立说之前，曾缄默六年，不露锋芒。哲学史学家认为，这平静的六年，其实是黑格尔一生最富有成效的思考时期。

牛顿从苹果落地导出了万有引力，有人问他有什么诀窍，他回答说：“我说没有什么方法，只是对于一件事情做长时间的思考罢了。”他还说：“我的成功归功于精心的思索。”

仔细研究我们周围的成功者，无一不是善于思考的。但也有一些人，要么整天忙忙碌碌地干这干那，要么无所事事地东游西逛，个别处在领导岗位上的同志，搞检查、做指示、赶饭局、跑会场、忙迎送，就是不给自己留下一点思考的时间，也从来不注意培养自己良好的思维习惯和思维方法。到头来，时间用上了，精力耗费了，工作却没有多大起色。

思考，一般分为习惯性思考、创造性思考、系统性思考等方式，有定式思考、逆向思考、横向思考、纵向思考等。我们反对习惯性的经验性思考、从众性思考、教条主义思考、消极性思考；提倡创造性思考、系统性思考、积极性思考。

三、养成良好的生活习惯

良好的生活习惯与工作习惯相辅相成，相映生辉，从某种程度上讲，有一个良好的生活习惯更能促进良好的工作习惯。

1. 锻炼身体的习惯

前面我们已经讲过，身体是革命的本钱，健康是工作的保障。坚持体育锻炼既能增强人的生理功能，使人体态健美，头脑灵活；又能提高人的心理素质，培养人坚忍不拔、吃苦耐劳的精神，竞争意识与合作精神，还能帮助人调节情绪，提高人的自信心。为此，不仅中老年人要持之以恒地参加一些适当的体育锻炼活动，而且年轻人也不要自以为年轻身体好而放弃必要的健身活动。当然体育锻炼要因人而异、因地制宜、循序渐进，但不可三天打鱼，两天晒网。如果一旦形成习惯就会坚持下来，使你一辈子都有一个好身体，好心情。

2. 科学用脑的习惯

大脑一般有四个记忆高潮：第一个高潮是早晨起床后。由于大脑经过一夜休息，既对前一天所学的知识有个重新组合的过程，又对清晨学习的知识印象清晰。第二个高潮是上午8~10点。这时人的精力最旺盛，大脑工作严谨，思考周密，学习知识容易理解和消化。第三个高潮是18~20点，也是记忆的最佳时间。第四个高潮是睡前一小时，记忆知识有利于巩固。根据这一规律，早晨最好安排短时记忆的内容。如每天提问的内容、考试时急用的知识等。上午适合学习新知识，晚上适合学习需要长期记忆的内容，这样你就可以始终生活在清新的世界里。

同时，在科学思考中，还应有意识地培养自己的观察力、想象力和记忆力。

观察是人类认识一切事物主动的、有目的及有计划的知觉，人们认识世界，掌握科学知识都离不开观察。因此，心理学家把观察力称为智力的门户。观察力强的人，能看到常人所忽视的细节，抓住事物的本质及联系；而观察力弱的人，对有目共睹的事也可能熟视无睹。达尔文把所取得的成就归功于他的观察力。他说："我既没有突出的理解力，也没有过人的机智，只是在观察的能力上，我可能在常人之上。"只有具有敏锐的观察力的人才能发现生活中的美。

想象力是人脑在已有表象的基础上构建新形象的心理活动，人借助于想象可以回顾过去或展望未来，或驰骋在多彩的现实世界里，或遨游在美丽的幻想天国中。想象力包括无意想象和有意想象两种，无意想象是简单的初级想象形式，没有预定目标。如看到草地，会想到故乡；遇到挫折，会想起父母亲人。有意想象则指根据一定目的，自觉进行想象。知识是想象的基础和源泉，人类正是因为有了想象才有了追求，才有了丰富的世界。

记忆是大脑的基本功能之一，没有记忆就谈不上思维和创造发明，增强记忆力是开发大脑的第一个目标。要增强记忆力，首先要明确记忆的目的。心理学家弗洛伊德说："意图是所有记忆和忘却的基础。"言外之意是说，该记、想记、强记的就能记住，否则就忘却了。其次，信心是增强记忆力的心理条件。因为自信可以调动大脑神经细胞的兴奋性，加快记忆。加深理解是增强记忆的重要因素。否则，靠死记硬背，记得快，忘得也快。选择合适的记忆方法，如谐音法、串联法等，对提高记忆也是很有效的。

"用脑—观察—想象—记忆"构成了一个良好的科学的思维习惯。

3. 热爱生活和艺术的习惯

生理学家认为，人要想更好地理解生活，珍惜生命，就要以一颗乐观的心对待生活，建立起广泛的兴趣和爱好，这样就会使自己的生活丰富起来，还可以调节情绪、放松神经、巩固友情、陶冶情操、矫正不良行为等，从某种意义上来说，多一种爱好，也会使人生多一分光彩，多一条道路。建立爱好主要表现在两大方面。

一是欣赏大自然。大自然以其原始的韵味和生命的气息亲近着每一个人的心灵，它那壮阔的景象、清新的空气不仅增进了人体的健康，而且洗涤了人们心灵上的尘埃，陶冶性情，给人以智慧和启迪。试想：广阔无边的大海，怎能不让人胸怀坦荡；一望无际的草原，怎能不让人心胸开阔；变幻莫测的白云，又怎能不使人神思飞扬？

大自然是我们生活中的一种调节剂。当生活节奏紧张时，它使我们的神经得到松弛；当我们在生活中受到打击时，它能起到平衡心态的作用。恩格斯青年时曾有过一次失恋，为此他去了阿尔卑斯山，对大山诉说痛苦，向自然寻求慰藉，因而很快就从失恋的痛苦中解脱出来，又以新的热情投入到所热爱的革命事业当中。大自然教人微笑着面对生活，一切都要向前看，因为还有希望和机会，相信明天会更好。

二是热爱艺术。马克思说：一个人既不喜欢文艺，又不喜欢体育，那么他的生活将是枯燥乏味的。艺术活动可以消除疲劳，增进健康。现实生活证明，许多热爱艺术的人都是身心全面发展的人，因为他们学会了欣赏生活。

艺术包括文学欣赏、音乐欣赏和其他一些艺术活动。

文学作品是艺术化的人生舞台，上演着一幕幕人间的悲喜剧。无论是作为一个旁观者去欣赏它，还是作为一个作家或导演去创作它，都可以使我们加深对生活的观察和理解，促进我们心智的开发。

音乐是一种富有情绪色彩的语言，具有强烈的感染作用，通过乐曲的旋律、节奏，使人的情感起伏跌宕，从而提高大脑的兴奋性，促进大脑功能的发展。爱因斯坦说："音乐启迪了我的智慧。"每当他在研究和实验中遇到困难时，就会拉起小提琴，那些困惑不解的疑团，常常在甜美悠扬的乐曲声中豁然开释。音乐还决定着一个人的品位。热爱音乐的人，情趣高雅，充满了对生活的热爱。

还有欣赏和创作书画，不仅会得到创作的满足还会获得美的享受。电影、电视剧作为一种综合艺术，也能帮助人们去挖掘更深层的生活内涵，增加生活的阅历。此外，下棋、书法、集邮等都能丰富生活，这些积极健康的兴趣和爱好，能消除空虚与孤独等不良心理状态。

有人讲："世界上最愚蠢的是那些拥有金钱却不懂得享受的人，最聪明的是那些拥有并不多，却懂得享用大自然的人。"

4. 守时的习惯

中国人最大的缺点就是办事不讲效率，没有时间观念。守时可以增加别人对你的信任，说明你重视对方以及你们之间的约定。守时也反映一个人的精神气质，拖沓的人总是"姗姗来迟"，给人留下很不好的印象。

在西方的戏剧院，到了开场的时间后，迟到者需等到节目间休或者换节目时，才准许入场。因为迟到者在场中寻找座位会影响其他观众，而且会扰乱演出者的情绪。准时入场是对演员和其他观众的尊重。

5. 简洁的习惯

把事情搞复杂很容易，搞简单、简洁却不容易。凡事应该力求简洁，直截了当，切中要害。它既是一种机敏，也是一种智慧。有的人一分钟就可把问题说得很透彻，而有的人啰里啰唆讲一个小时也不知所云。讲话要开门见山，写文章要直奔主题。据说朱元璋在听取丞相茹太素汇报时，茹太素拿出一万六千字的文稿，讲了一个多小时，还未切入主题。朱元璋十分不快，命令手下把茹太素拉出去打了三十大板。

6. 自我激励的习惯

在我们的生活中，不可能随时随地都保持特别高昂的情绪，有的时候难免会出现伤心、悲观、失望、丧气等消极情绪。所以，当这些情绪出现时，就应当养成自我激励的习惯。

著名喜剧演员黄宏在一次春节联欢晚会上表演的小品《打气》，揭示的主题就是自我激励，其中有一句台词："当你泄气的时候，给自己打打气；当你气满的时候，给自己放放气。"这句话虽然平淡，却道出了生活的哲学。

养成自我激励的习惯，让自己更快地调整心态。

7. 自我解脱的习惯

现代人压力很大，为了生存竞争，拼命地工作，繁重的工作压得大家都喘不过气来。如果一根弹簧长时间处于紧绷状态，它就会发生形变，失去原动力，如果人一直处于紧张状态也会导致许多的生理和心理疾病。适时地给自己减压，寻求自我解脱是非常必要的。当自己觉得压力过重时，不妨换一个环境或换一种心情，换一种思路，主动扔掉负担，你才能轻装上阵，继续开动机器。善于解脱的人将永远是个愉快的人。

8. 宽容平和的习惯

宽容是人格魅力中的要点。一个人以敌视的眼光看人，对周围的人戒备森严、心胸狭小、处处提防，就不会有真正的伙伴和朋友，只会陷入孤独和无助中；而宽宏大量、与人为善、宽容待人、能主动为他人着想、肯关心和帮助别人的人，则讨人喜欢、被人接纳、受人尊重、具有魅力，因而能更多地体验成功的喜悦。宽容平和主要体现在：

(1) 主动让"道"，宽以待人。据说，航行中有一条规律：操纵灵敏的船应该给不太灵敏的船让道。如果我们在遇到分歧或是争执时，一定要注意他人的建议是否有合理性，绝不能一棍子打死。主动"让道"，而不应争先"抢道"。"礼让三分"能确保"安全"，于己于人都有利。

主动让道的宽容，还包括对爱情的处理。我们不应用苛刻的标准去要求对方，要尊重对方的自由权利，爱情之所以可以成为催人上进的力量，不是由于严厉，而是由于宽容。爱情使人原谅了爱人的种种缺点、毛病，能使爱人“旧貌换新颜”。因此，做一个肯理解、容纳他人优点和缺点的人，才会受到他人的欢迎。而对人吹毛求疵，批评、说教没完没了的人，不会有亲密的朋友，人家对他只会敬而远之。

（2）学会“双赢”，避免争论。争论总会造成某种伤害。即使你“赢”了一场争论，也可能毁掉了与对方的关系。如何在争论中保持平和的习惯呢？

①对分歧抱欢迎的态度。有句格言讲得好：“如果双方永远一致，那么有一方就是多余的。”别人向你指出你没有想到的情况，你应该表示感谢。也许这分歧正是你纠正自己的观点，避免犯大错误的机会。

②不要轻易做出为自己辩护的第一个反应。人们遇到分歧时，第一个自然的反应是为自己辩护。每当你立即为自己找理由辩护时，你过后往往难以改变立场。你也使自己无法从对方的观点中得益。保持冷静，注意不要轻易做出第一个反应。

③控制住自己的脾气。发怒使思想交流更难，而不是更易。要记住，一个人被多大的事情激怒，他的心胸就有多宽。如果一个人小肚鸡肠，就显得没有度量。

④先听对方意见。给对方发表意见的机会，让他讲完为止。不要抗拒对方的意见，不要为自己辩护，也不要辩论，这些只会成为思想交流的障碍。要努力架起理解之桥，而不是误解之障。

⑤寻找共同点。听对方讲完之后，先要细想一下双方的共同点。这样做能保持双方的良好关系，为找到对双方有利的解决办法打下基础，态度要尽可能和蔼灵活，在原则问题上坚守立场；在枝节问题上灵活处理。

⑥要诚实。看看有什么地方你弄错了，如有就向对方承认，请他谅解。这样做会解除他的武装，使他不再步步为营，还可让你洒脱地继续向你的最终目标前进，找到对双方都有利的解决办法。

⑦答应再想一想，仔细研究对方的观点。当你说要考虑对方的观点时，要说到做到。对方也许是对的。如果你不理会对方意见，讨论将毫无结果，对方说：“我试图向他解释，他却不听。”你当然不希望自己陷入这种尴尬局面。

⑧真诚感谢他人对问题表现出兴趣。谁要是肯花时间表达不同意见，他肯定跟你一样对这个问题感兴趣，你要把他设想成一个真心实

意要帮助你的人，这样他最后准会成为你的好朋友。

⑨行动可暂缓，以便双方有时间思考问题。建议当天迟些或第二天再碰头一次，以便可以将全部情况都考虑清楚。在准备第二次讨论时，多问自己几个难答的问题。记住，你的目标不是自己独赢，而是“双赢”。

9. 赞同别人的习惯

每个人都希望得到别人的赞同，当有人不赞同你的时候，你会感觉如何？如果你没有学会赞同别人，你很可能还没掌握与人相处的艺术。赞同也是一门艺术。在赞同别人时讲究适当的方法：

（1）要培养赞同别人的态度。与人相处，要当做一场游戏，非原则问题不必太较真，要求大同，存小异，不要动不动与他人对抗。

（2）如果你赞同别人，要让别人知道。不要只是默默地赞同别人。如果你喜欢别人说的话，要点头说“对”或者“没错”。要尽可能多地肯定他人说的话。

（3）除非绝对有必要，否则不要告诉别人你不同意。如果你不赞同别人说的话，不要说出来。除非有关问题很重要，否则不要轻易反对他人的观点。

（4）学会尽快道歉。每当你错了，或者要对一件做错的事情负责任，应尽快道歉，尽快承认自己的错误。因为许多人有不良的个人形象，他们通常想掩饰自己的错误或为自己找借口。如果你不掩饰自己的错误，人们会因此而敬佩你。

（5）绝对不要争辩。不管你是否正确，争辩只能是自我失败。争辩中任何人都不会赢，而损失可能会更多。偶尔，你会遇见执意和你争论的人，最好的技巧就是毫无争辩地让他说出要说的话。只有一方的战争是很难打起来的。

10. 注意休息的习惯

人不是机器，不可能 24 小时不停地运转，何况机器也要适当地停工。人们在追求成功的时候，却忽视了自己的身体，其中主要的问题是不注意休息，这种做法很不明智。

休息可以让你产生更高的效率，绝不是浪费时间。成功人士都注意休息。美国石油大王约翰·洛克菲勒不仅是当时的世界首富，寿命也相当长，活到了 98 岁，其中最重要的原因是他注意休息。他有午睡的习惯，在午睡时，即使美国总统打来电话他也不接。

思考题

1. 习惯真的能影响成功吗？试举例说明。
2. 怎样才能养成良好的工作习惯和生活习惯？

第十讲　管理好你的时间

——做一个有效率的人

名人名言

- 时间是最紧俏的资本，如果人们连时间都不会管理，何谈会管理其他。

——[美] 管理学家 波得·德鲁克

- 太阳有脚啊！轻轻悄悄地挪动，我们也茫然地跟着旋转。于是——洗手的时候，日子从水盆里过去；吃饭的时候，日子从饭碗里过去；默默时，便从凝然的双眼前过去。我觉察他去也的匆匆了，伸出手遮挽时，他又从遮挽着的手边流去……

——文学家 朱自清

- 昨天是已经作废的支票，明天是还未兑现的支票，只有今天是现金。聪明的人不必把太多的精力放在过去的事情上浪费光阴，如后悔、伤心、忧患，除非是从过去的错误中吸取教训。

——[英] 哲学家 培根

- 让时间增值，提高时间质量效率。

——边哲

时间是生命的元素，无论是谁，无论他将干什么，无论他采用何种方式去干，他都离不开时间。你需要时间，我需要时间，其他人也需要时间。柏拉图说："有了时间就会有一切。"

案例 10-1 从时间奴隶到时间主人

方强是一家大公司的区域经理，他每天都觉得时间不够用。时间对他而言，已经成了一个无法控制的东西。女儿要求去公园玩，他迟迟没有答应，因为他不知道自己什么时候有空。

在当区域经理的三年中，方强每天晚上的时间几乎都泡在应酬上，只有圣诞节和除夕除外。

这些应酬都是"公事"，每一次都得耗费好几个钟头，可是方强也没办法改变这一切。在方强的工作经历中，诸如此类的浪费时间现象可以说比比皆是。公司的一位大客户打电话来，方强自然不能说"我现在很忙"，他再忙也得接听电话。令方强哭笑不得的是，有时候客户谈的根本不是公事，而是诸如上周末的马赛、昨晚的高尔夫球赛，甚至是他儿子进入某所大学的可能性等。这些事情不得不做，实际上却毫无作用。

方强一直这样没有规律、没有节制地忙碌着，他知道这样下去不行，但他不知道该如何改变这种局面。由于长期的劳累和作息不规律，方强病倒了。经过检查，方强的心脏有问题，疲劳过度。

修养了几天，方强出院了，遵照医生嘱咐，每天只上班三四个小时。他惊奇地发现，这三四个小时之内所做的事情在质与量方面与以往每天花将近十小时所做的事，几乎没有什么两样。他开始记录自己的时间，并且将之与以前相比，想发现自己的时间究竟花到哪里去了，为什么会有这么大的差别。

方强首先发现，以前他以为必须参加的宴会中，起码有1/3根本不需要他出场，行政秘书就可以代替了。并且有时主人也并不是真心希望他出席。他们发来邀请函纯粹是出于礼貌，他们甚至希望他会谢绝邀请。

方强一直觉得很多重要的事、想做的事和责任范围内的事，没有足够的时间去做。通过分析，方强发现了解决这一问题的好办法，就是把那些别人能做的事情，统统交给别人去做。

方强发现，其实浪费时间，往往发生在管理者可以控制的范围之内，他自己完全可以消除这种现象。他浪费的不只是自己的时间，还有别人的时间。

一场大病，让方强从时间的奴隶中摆脱出来，成为了时间的主人。

（根据黄明旭编著《企业中层管理者的36计》改编，经济管理出版社，2005年1月）

方强的困惑与醒悟的故事仿佛就发生在我们身边，可惜我们还有许多同胞仍在时间的苦海里挣扎而难以自拔，在人生看似漫长实则短暂的时光里，必须管好自己的时间。

一、感悟最紧俏的资本

美国著名管理学家彼得·德鲁克说：“时间是最紧俏的资本，如果人们连时间都不会管理，何谈会管理其他。”有一组触目惊心的数据，假设人的平均寿命是75岁（实际比这个数字还低），24岁以前主要任务是学习各种知识和生存技能，60岁退休，颐养天年。所以一个人用于工作上的时间最多不过36年。如果除去周末、周日，实际工作时间只有26年。在这26年里，每一天24小时，8小时睡觉，8小时工作，8小时休息娱乐，真正用于工作的时间只剩下9年。9年的工作时间，又只相当整个寿命的1/8，可见工作时间是何等宝贵。

为了合理地节省时间，美国著名哲学家培根讲：“把过多的时间放在过去上不值，如后悔、伤心、忧虑等。聪明的人将有太多的事情要做，我们不能在过去的事情上再浪费光阴。同时也不要习惯地等待明天的到来。”

一位哲人讲过：“失去的财富可以通过东山再起获得，忘掉的知识可以通过勤奋学习记起；丧失的健康可以通过饮食和保健而改善，唯有时间一去就再也不复返了。”

我们感叹时光的流逝，那是对生命的热爱与留恋，只是时间来去匆匆，我们没有办法留住它的脚步。我们唯一能做的就是活在当下，利用每一分，每一秒，把握好今天和明天。古人讲：“明日复明日，明日何其多，我生待明日，万事成蹉跎。”

二、走出时间管理的误区

1. 时间管理的迷茫

主要表现在迷惑、犹豫不决、精力分散、拖拉、逃避、中断、懒惰和许多不良习惯上。

(1) 迷惑——我应该做什么。这可能是一个非常明显的问题，但往往被很多人所忽视。一位时间管理的专家曾经说过：“如果你不知道你要做什么，那么谈时间管理就没有任何意义了。”我们每天似乎非常忙碌，但下班后心中一盘算：今天我们完成了什么？结果发现自己一天没有任何收获。要想管理好自己的时间，首先要明确自己的目标。没有任何计划可能是时间管理中最大的错误。

有了目标之后，还要学会对那些让自己参加其他活动的要求说“不”。

如果下次有人要求你干些事情，不论是出席工作会议，还是去朋友的派对，在你点头应允之前，记得先查看清楚自己的时间表，按优先次序处理。若是真的不能腾出时间的话，你要学会拒绝。如果你觉得难以启齿，可找一位朋友替你传递信息。如果发现自己说“不”有困难，检查一下原因。是害怕被别人冷落还是害怕不被别人喜欢？尝试着说“不”看看会有什么后果，学会拒绝也需要勇气。要记住：在说出“不”之后，千万别有负罪感。时间由你而定，别人不是你的行为的评判官。

(2) 犹豫不决——我应该怎么做。时间管理的第二个错误是犹豫不决，不能及时做出决定。

不做决定并不意味着问题已经解决，而是在扩大化地浪费你的时间。即使你不去理会它，它还是在那里等待着你去决定，即使在进行别的任务时，它仍然在脑海的某一部分活动。犹豫不决让我们无法集中精力，无法投入地完成一个高强度的工作。

犹豫不决可能来自许多心理因素。也许是由于事件本身关系重大，内心深处对做出错误决定的恐惧；也可能是对所做的事情缺乏兴趣。中国有句俗话："当断不断，必受其乱。"过多的犹豫往往贻误时间。

(3) 精力分散——多点进攻的危害。精力分散是企图做出超过需要的甚至超出可能的过多的事情，是当前人们自称"忙"的重要原因。这种忙是否真的忙在"点"上。患有"忙病"的人往往想同时做许多事情，为了达到这个目的经常不断地为自己加码。随着压力的增大，开始不知道什么可以做，什么可以不做，最后导致效率极其低下。人类不妨学一学豹子和老虎，一只敏锐的豹子在捕捉斑马时，总是一边偷偷地接近猎物，一边仔细观察斑马群中最弱的个体。一旦时机成熟，它会闪电般地直扑自己的目标，即使有其他的斑马从自己的身边跑过，它也毫不理会。豹子的这种特点看上去仿佛很可笑，而实际上，老虎、狮子等大型掠食动物集中精力追捕主要目标对人类管理时间颇有借鉴。

(4) 拖延——等待时间的审判。拖延是时间的窃贼。时间管理专家道格拉斯将拖延分成三种类型：拖延自己不喜欢做的事情；拖延困难的事情；拖延难以决定做的事情。影响拖延的因素包括认知和情感的成分，如非理性的想法"我希望能够换别的任务来完成"、低自尊、抑郁、焦虑和害怕失败等都会造成拖延。

如果你发现自己有习惯性拖延的毛病，首先要在一段时间内检查自己在哪些任务上总是拖延，然后寻找这些任务的共同特征。那么应该如何有效地对付拖延呢?

一是确定一项任务是否非做不可。有时，我们觉得一项任务不重要，于是做起来就拖拖拉拉。如果这项任务真的不重要，就把它取消好了，不要拖延然后又后悔。有效分配时间的重要一环，就是把可有可无的任务取消掉。

二是把任务委托给其他人。有时候，有些任务是能完成的，但是你不喜欢做。这或许与你的个性或专长有关。如果你把任务委托给一个更适合做、更乐意做的人，你和他就都成了赢家。

三是先弄清楚有什么好处，然后再行动起来。我们往往因为看不到完成一项任务有什么好处而拖拖拉拉。也就是说，我们做这项任务时付出的代价似乎高于做完之后得到的好处。应付这个问题的最佳办法是从你的目标与理想的角度去分析这个任务。

四是养成好习惯。如果你有拖沓的毛病，就要重新训练自己，用好习惯来取代拖沓的坏习惯。每当发现自己又有拖沓的倾向时，静下心来想一想，确定你的行动方向，然后再给自己提一个问题："我最快能在什么时候完成这个任务？"定出一个最后期限，然后努力遵守。渐渐地，你的工作模式就会发生变化。

（5）逃避。人们可以找到很多逃避的办法。他们延长休息时间，在楼道中聊天，假装谈论与工作有关的事情，阅读不需要的书籍和报纸，做一些琐碎的事情，不断地清理办公桌和文件，这实际都是在逃避他们不愿做的工作。对此，为了珍惜时间，管理者就要善于分权，让大家各尽所能，从逃避中争取时间。

（6）中断。几乎每个管理者都有在工作中不断被打断的痛苦经历。电话、老板进来聊天、同事和下属进来问候以及突发的紧急事件都是对正常工作的干扰。据调查发现，一般的管理者每八分钟就被打断一次。中断对复杂的工作伤害巨大。复杂的工作需要一段启动的时间来找到工作的节奏，而不断的中断则要求附加的时间来重新定位和再启动。

根据对管理者的一项调查发现，他们每天有12%的时间用来处理紧急情况，有44%的时间用来进行计划内的工作，有14%的时间给予了顾客要求的活动，其余的时间都被日常的活动和政府的要求所瓜分。中断在许多场合下是在事情的重要性和紧急性之间出现竞争。重要的任务从未被马上去做，甚至没有在一周内完成的。另一个方面，紧急的事情要求马上行动。紧急事情成了不做重要工作的借口："重要的工作没有做，是因为出现了紧急的任务需要处理。"

应如何避免或尽量减少中断呢？

一是学会在大段时间内工作。如果手头的工作需要精神高度集中，你就要学会在长达4~6小时的大段时间内工作。其原因是为了防止别人打断。

另外，当你在大段时间内工作时，你会发现自己工作的劲头越来越大，能在较短的时间内完成较多的工作。要有那么长的一段时间归自己使用，你必须做些具体的安排。时间不会自己走来的。你甚至要找个僻静的地方，以便干活时不受别人干扰。

二是办公室的设计应能避免干扰。如果你对自己的办公室设计有发言权，你要把它设计成允许来访者进入时他们才能进入的格局。例如，不能让别人走过你的办公室时能透过门窗见到你，有事没事跟你聊天。可能的话，把办公室安排在恰当的位置，以便你在外出或上厕所时不会遇到其他人。

三是改变使用电话的方式。许多人成了电话的奴隶，而不是把电话作为有用工具来使用。避免方法之一是不要将电话直接接入你的办公室（这样做的原因跟你不允许在干活时不停地被打断一样）。此外，一天当中留出一段时间来接听电话。

四是学会清早起来工作。清早工作会较少受到干扰和打断。如果你能安排自己在清早工作，你就会发现你这一天的干劲特别足，能用于工作的时间也延长了。

(7) 懒惰。许多人工作漫不经心，积极性不高，没有时间观念，养成一种懒惰的习惯。如何争取时间，克服懒惰的积习呢?

如果你有懒惰的毛病，下面几个建议可以助你成功克服它：

一是使用日程安排簿。如果你对何时应做何事心中无数，这个工具有助于你把所有资料很有条理地记录在一个地方。如“每日安排簿”和“日程簿”都是极好的工具。

二是在家居之外的地方工作。如果你不容易调动自己的积极性，或许你需要换个环境了。许多人在家里养成的一套习惯，怎么也摆脱不了。另外一些人，家里使他分心的东西太多——电话铃、门铃、家人邻居干扰、电视机、收音机、家务活等。离开家你或许能专心工作。这也许是你为了能开展工作唯一要做的自我约束。

三是及早开始。有时你会突然意识到因为太迟开始工作而无法完成当天想做的事。许多人在意识到时间不够而无法做计划中的事情时，干脆把整天的工作计划一笔勾销，什么也不干。解决的办法是养成及早开始的习惯。

(8) 不良习惯。一是个人独揽时间，包打天下，不善于借他人时间为我所用，因此总嫌时间不够用。既然如此，何不委托别人去干，这样既节省了自己的时间，又发挥了他人的积极性和创造性。

二是欷歔昨天。有个故事讲，在一派繁忙的景象中，有一个人弯着腰，样子很失望，在街道上逆行。这个孤独的人下面有一行字："寻找昨天。"许多人就像这个弯腰的人一样把精力耗费了，老是想着过去犯过的错误和失去的机会，欷歔不已，或是空想未来。这两种心境都是极浪费时间的。沉醉以往和空想未来都是从有效的劳动时间中偷来的，我们不必追寻昨天过期的支票，也不要白日做梦奢谈明日的空头支票。

三是寻找失物。据美国《华尔街日报》调查发现，有一半以上的人每年要花六周时间去寻找乱放的东西，这意味着他们每年要损失10%的时间。为此，每个职场人员要养成有条理的习惯，不要把时间花费在寻找要用的东西上。有一条最好的原则：不用的东西扔掉，不扔掉的东西分门别类保管好，最好冠以醒目的标题，以便需要时能在最短的时间内找到。

四是态度消极。态度消极、情绪低下，直接影响工作效率，徒耗许多不必要的时间，把本来有所作为的时间浪费掉了。如果你有消极习惯，就要多看积极态度的书，或听这类的录音带，尽一切可能培养起积极态度。

2. 走出时间管理的误区

（1）有事乱忙，无事瞎忙。我们经常可以看到这样一类人，他们似乎整天都在忙碌之中，嘴里还不停地发牢骚："我怎么有这么多接不完的电话，开不完的会议，严重干扰我的工作进度！""觉得我快要爆炸了！""虽然每天没做多少事，可我还是觉得时间老是不够用！""一进办公室，我就开始头疼！"这就是有事乱忙的一群人。他们只知道该忙些什么，但是不知道该怎么忙，应该先做什么后做什么。他们只是把认为该忙的事情像大杂烩一样，搅到一起，结果把事情弄得一团糟，毫无头绪可言。

还有一种人没事找事做，害怕自己没事做而"无事瞎忙"。他们害怕虚度光阴，不断地给自己找事情做，不管这事该不该干，该不该由他来干，总喜欢拉到一件算一件，和市场中的小商贩一样。

无事瞎忙的人往往就是那些生活没有明确目的的人，他们还有一个特征就是性子比较急。因为没有明确的生活目的或奋斗目标，所以他们不知哪些该做哪些不该做。但和那些什么事也不做的人相比，还是值得同情的，至少他们还有不浪费时间、不虚度光阴的意识。只是，他们应该静下心来为自己设定明确的生活目标，这样才不至于一事无成。

（2）欲速不达，工作狂。人们想节省时间的出发点是正确的，因为事情紧急也应该加快步伐。但是因为人们过于着急，情绪压抑了理智。大脑因为过于急躁紧张而不能冷静地分析问题，找到解决问题的办法，对于整个工作的计划往往在还没有想周全的情况下就开始了行动，所以做起事来总是捉襟见肘，顾此失彼。即使计划在事前已经准备周全，但在行动时人们却因心急如焚而将计划弃之不顾，或不完全按照计划进行，认为能马上做一些事情，却没想到因为着急把全局给搞得一团糟。

有紧急意识并不是错，关键是不能因为着急就急于求成。急可以让大脑活动得快一些，但过于着急却使头脑无法正常运转。这时候，你需要平静自己的心情，稳定自己的情绪，一定要让大脑冷静下来，经过客观冷静的分析判断之后，再采取有节有度的行动。只有这样，才能既保证速度又保证质量。

还有一类人，他们把工作看成是自己生活的全部内容，把所有的时间和精力都投入到工作中去，害怕浪费一分一秒。如果让他把时间用于做别的事情，他会心疼得不得了，认为其他的娱乐休闲等是浪费时间，虚度人生。

工作狂对工作的执著与热情是无可厚非的，但是，这种做法太偏激了。他们认为娱乐和休息是浪费时间，总是不遵循科学的饮食生活规律，以致严重损害了身体健康。人的体力和脑力劳动都是有极限的，超过了这个度，将使身体器官的功能受到损伤。许多生理疾病皆因过于疲劳紧张所致，比如心脏病、高血压等，甚至会产生心理疾病，其结果是得不偿失的。

工作狂的目光仅仅停留在如何完成工作上，对于其他的事物总是不屑一顾，目光的短浅和停滞使他们看不到周围情况的变化，看不到事情的发展，看不到时机的来临，也看不到潜在的危险。一旦事情发生变化，会使他们来不及防备，或错失良机。

（3）只做计划，耽误行动。与无计划的人相反，这种人时时制订计划，事事制订计划，大事制订计划，芝麻小事也要制订计划。

他总习惯将每项计划都制订得特别精确细致，唯恐出现一点儿失误，这种人是典型的完美主义者，做事追求尽善尽美，所以他们活得很累。

做计划是为了更加充分、有效地利用时间，但他们制订计划却往往过于强调这一目的，将自己的日程表安排得满满的，没有一点空隙，从不留下一点应付意外事件的缓冲时间，所以，一旦事情发生变化，往往措手不及。

一般而言，他们总以计划为工作的主要内容，却忘记了行动，以为事情只要计划得好就可以了，却没想到行动才是实现目标的关键。因为计划占据了他们过多的时间，所以留给行动的时间所剩无几，成功就更加不容易了。

任何走极端的做法都不会产生理想的效果，结局往往出乎意料，所以，还不如从极端中走出来，好好反省一下，利用勤奋的品质赢得更大的成功。

珍惜时间，但不要走入时间的误区，把事情放到正确的轨道上来，充分利用自己的时间，使生活充实但不过分紧张，有效率但不过分忙碌，这样的生活才更有意义。

三、怎样管理好你的时间

1. 处理好大与小，先与后，主与次的关系

有一个“石头、水和沙子”的故事，讲一位教授为一群商学院学生讲课，他在现场做了一个实验：

教授拿出一个100毫升的广口瓶放在他面前的桌上。随后，取出一堆拳头大小的石块，仔细地一块块放进玻璃瓶里。直到石块高出瓶口，再也放不下了，他问道：“瓶子满了吗?”所有学生答道：“满了。”教授反问：“真的?”他伸手从桌下拿出一桶砾石，倒了一些进去，又去敲击玻璃瓶壁，使砾石填满下面石块的间隙。“现在瓶子满了吗?”他第二次问。这一次学生有些明白了，“可能还没有。”一位学生应道。“很好！”教授说。他伸手从桌下拿出一桶沙子，慢慢倒进玻璃瓶。沙子填满了石块和砾石的所有间隙。他又一次问学生：“现在瓶子满了吗?”“没满！”学生们大声回答。他再一次说：“很好。”然后他拿过一壶水往玻璃瓶里倒，直到水面与瓶口齐平。

做完实验后，他抬头看着学生，问道：“这个实验说明了什么?”

一个心急的学生举手发言："它告诉我们，无论你工作的时间多么紧凑，如果你确实努力了，你就可以做更多的事！"

"不对！"教授说，"那不是我真正的意思。这实验告诉我们：如果你不是先放大石块，那你就再也不可能把它放进瓶子里了。那么，什么是你的大石块呢？一定要记得先去处理这些'大石块'，否则，你的工作就不能做得足够好。"

现实生活中，你的日程表上的所有事项并非同样重要，不应对它们一视同仁。如果你开始进行表上的工作，却未按照事情的轻重缓急来处理，就会导致效果的缺失，用你80%的时间来做20%最重要的事情。

心理专家指出，如果你懂得时间管理，懂得有效安排工作，压力就会减少甚至消失，你就会更有效率地完成工作，并从中感受到快乐。在研究中发现，大多事业有成就的人，都是懂得有效管理时间的人。他们通常会把事情分成四类：

第一类是既重要又紧急的事情，如突发性的重要事件、危机、期限逼近的任务等，这当然需要你停下手头的事情马上去解决，但实际上这样的工作并不是很多。

第二类是重要而不紧急的事，如跟客户建立关系、制订计划，"充电"学习等，这类事情的工作是卓有成效的时间管理的核心，是打基础的阶段，如果你认为这些事情虽然很重要，可因为不是迫在眉睫而避重就轻，迟迟不做，那么这类事情就会越积越多，带给你的压力和危机也会越来越大。

第三类是不重要而紧急的事情，如临时插入的电话、插入的报告、需要签署的文件等，你如果把精力用在这些事情上，就会被这些看上去很忙的事情所左右，而实际工作却得不到实质性的进展。

第四类是不重要不紧急的事情，如与重要事情发生冲突的聚会、某些电话、邮件等，有些人不堪工作重压，因此十分偏爱第四类，做那些不重要也不紧急的工作，实际上是在浪费时间。

卓有成效的人会努力避开第三类、第四类事情，因为不管紧急与否，它们都不重要。他们还会尽量缩小第一类事情的工作量，把较多的时间用在第二类事情上。

所以，如果你想学会如何有效管理自己的时间、轻松愉快地做事、从容不迫地面对工作，就应该按照以下几点去做：

(1) 分清主次，有计划地做事。一天的工作，你要先进行整理，看看哪些是既重要又紧急的，哪些是重要而不紧急的，哪些是不重要而紧急的，哪些是不重要也不紧急的，分清事情的主次，先做哪件事，后做哪件事，做到有的放矢，从容不迫。

(2) 正确处理突如其来的杂事。对待突然插进来的无关紧要的电话、突然出现在桌上的文件等杂事小事，你要敢于说“NO”，或者暂时放到一边，别打乱了你的工作思路和计划。

(3) 用合并同类项的方法做事。在同一时间段里，把几件事情的发生地点都圈在同一区域内，尽可能搭顺风车，也可以利用别人提供给你的顺便机会，搭客户 A 的车去见客户 B，少走弯路，减少无谓的时间消耗。

(4) 专事专办。在你做一些重要而棘手的事情时，专门设立一个时间段，在这个时间段内，你要避免打扰，更不能改变初衷去做别的事。

按照以上几点去做，你就会渐渐领悟时间管理的真谛，就会感到工作越来越轻松，做出赢得上司赞赏的业绩也不再是一件难事，你还会发牢骚喊自己忙吗?

2. 为自己赚取时间

人们绝大部分的时间是用于与人打交道上，人生活在社会中，不可能不与别人打交道，只是程度不同而已。在交往中为自己赚取时间可是一门必学的技巧，否则，你的时间就会被别人占用。

不要让别人无端地浪费你的时间，自己掌握交往的主动权是很重要的。可是在日常生活中，会遇到许多被动的局面，如何从中解脱出来，为自己赢得时间而又不致破坏与别人的关系，这也是我们应该注意的问题。

如果我们能够在与人的交往中节省下宝贵的时间，就为我们实施计划、采取行动、实现成功赢得了时间。掌握这门技巧，会使你受益匪浅。

如何有效地赚取时间呢?

(1) 拒绝不必要的社交应酬。

“人在江湖，身不由己”，一句话道出了许多人的无奈。生活在社会中，社交应酬是必不可少的，无论是在官场，还是在生意场上，面临的应酬都很多。

有一位企业经理深有体会："我从任职以来，每个晚上几乎都是在应酬中度过的，参加各种宴会、晚会或者陪客人娱乐。我很少有时间陪自己的家人或朋友，因此，我深感内疚。在平时，应酬也颇多，参加什么典礼、剪彩或接待客人，受人邀请做嘉宾等，耗费了我大量的时间，我知道应酬是在浪费我的时间，但是却不得不这样去做。这本身就是一件很无奈的事情。"

大概许多人都有同感，在应酬中的各种繁琐礼节让人感到十分不自在，应酬所涉及的人际关系更使人产生压力。所以，"应酬"只为了"酬"而去"应付了事"，不去"应"就得不到"酬"，还可能会失去人缘和商机。

但并不是所有的"应酬"都是必要的，没必要的应酬为何不拒绝了呢？拒绝没必要的应酬无疑会给自己节省下很多宝贵的时间。

(2) 减少来访者的干扰。

你在办公室或在家里，总会有人来访，必然对你的学习、工作或生活带来一定的干扰，耗费你的时间。对于来访者，当然不能把他们拒之门外，你可以利用一些技巧处理这种干扰，给自己赢得时间：

一是预约，减少贸然来访者对工作的干扰。

二是向来访者说明时间限制。你可以委婉地说："对不起，我现在很忙，最多只能和你进行×分钟的谈话。"你直接道明情况，来访者会意后，会尽量用最简洁的语言说明来意，这样就可以为双方节约宝贵的时间。同时，你直接说明情况，比到了谈话中途才打断说明情况效果要好得多。

三是委婉拒绝或推迟。来访者的目的不一，但都是用交谈的方式进行的。一般来说，当来访者说"你有时间吗？我想和您谈谈"时，估计不是几分钟可以了事的。如果此人仅仅是为了聊天而来，你可以拒绝。如果他的确有重要的事情，则可以往后推迟，说："对不起，我现在很忙，可以换一个时间吗？"

四是从生活中挤时间。在信息社会中，电话是进行交流得比较快捷的方式。业务繁忙的工作室，电话铃声不断响起，工作人员来不及接听，这一场景我们在电视上可以经常看到。电话是我们对外进行交流的重要工具，所以，必须学会从电话中挤时间，其中重要的一点是掌握电话谈话的技巧。

(3) 不要轻易许诺。

有一个小品叫《有事您说话》，讲一个小职员为了讨好自己的上司，将上司所有的请求都一一答应下来。上司问他能不能找到关系买到紧俏的火车卧铺票，他不假思索地说“没问题”，结果大半夜抱着棉被到火车站排队买票。

这种做法是很愚蠢的，不要以为答应了就能让你保住面子或博得别人的好感，其实不然，如果你的承诺在付出千辛万苦之后仍未兑现，你可能颜面尽失。为一时的虚荣而浪费自己的时间，并且还可能费力不讨好。

当别人请求你帮忙时，如果你有能力、有条件，别人又确实需要你的帮助，帮助别人何尝不是一件好事？如果你有充足的时间，当朋友邀请你吃饭或进行其他休闲活动，接受邀请又何妨？

任何事情都是有前提条件的，但有的人却无视这个条件的存在，轻易许诺，“好，一定去”，“一定给你办到”，成为他面对任何请求或邀请的回答。

在答应帮助别人以前，想想自己有没有能力、条件帮助他，不要因为碍于情面而不好意思拒绝。一旦许下诺言，你就有义务做到；一旦你因为能力不够、条件不允许做不到时，不仅让你违背诺言，也会耽误别人的时间。特别是紧急事情，更不要轻易许诺，看清楚自己的状态再决定。

接受朋友或同事的邀请时，也要看自己有没有时间。不要因为害怕伤害别人的感情就轻易答应，等到你无法赴约时，你才会真正伤害他们的感情。通情达理的朋友或同事不会因为你合理的拒绝而有意见，相信你真诚的回答会赢得他们的理解。

3. 合理安排好你的时间

时间对每个人都是公平的，一天 24 小时，不多也不少，这只是表明从绝对数字上是平等的。但时间又是一把剪刀，它能为珍惜时间的人剪出成功之花，也能剪掉浪费时间者的青春。如何安排好你的时间呢？

（1）要统筹安排时间。我国数学家华罗庚有一篇文章讲述了时间安排的统筹方法。他举了一个例子：沏茶。沏茶有几道程序：烧水、放茶叶、沏茶，除此之外，还可能洗茶具。洗茶具需要 5 分钟，准备茶叶需要 1 分钟，烧水需要 10 分钟，沏茶需要 1 分钟。如果我们先洗茶具，再准备茶叶，再烧水，最后沏茶，整个过程需要17分钟。但是上述许多时间可以兼容，在烧水的时候同时可以洗茶具，准备茶叶，如果我们这样做，只需要11分钟。和前一种方法相比，就节约了6分钟。

这种合理安排事情次序，充分发挥时间最大效用的方法就是统筹方法。节约时间提高效率的一个巧妙方法就是在同一个时间段里干多种事情。许多成功人士都是这种方法的受益者。美国总统富兰克林·罗斯福日理万机，特别是在第二次世界大战期间，国际形势紧迫，他一刻也闲不了，终日处理国家大事，许多事情能够放在同一时间里干的，他一定会这样做。哪怕是在理发，他也一边刮脸，一边听秘书和官员汇报情况，甚至在理发的时候，还主持会议。

可有人会说：这岂不是一心二用了吗？一心一意当然能够使我们更加专注，但有时候一心二用也可以让我们同时处理好两件事情，并且不会影响事情的效果。究其原因，是因为我们的大脑、感觉器官和四肢能够同时使用，有时还能互相促进。常见的方式有以下几种：

一种是脑力劳动和体力劳动相结合。通常情况下，一个为主，一个为辅。你在进行脑力劳动的同时可以做一些轻微的体力劳动。如思考时，可以静坐，也可以来回踱步，还可以出去散步。进行体力劳动时，可以进行轻微的脑力劳动。如做家务时，可以思考一些简单的问题。

另一种是大脑不同功能区同时活动。一边看书，一边吃东西或听音乐。

无论是哪种方法，都会取得一举两得的效果，使效率倍增，节省宝贵的时间。

(2) 要留下足够的缓冲时间。这样，可以预防意外事情的发生，或应付临时变化，这是管理灵活性的体现。

做计划固然很重要，但并不表示把每一分钟都安排好，把所有的时间都安排得满满的，如果出现意外事情或临时任务，恐怕所有的计划都必须往后拖延了，很可能会影响整个计划的进程。留一点可以灵活处理的时间反而能为你节省时间，别认为这样会浪费时间，即使意外事情或临时任务没有出现，你也可以利用这点时间做其他的工作。

抓紧时间工作当然是件好事，不过，在计算事情所需要的时间时可别太吝啬。不少人习惯将完成事情所需时间的最小值作为计划的时间。假如做一项工作至少需要两小时，他往往将两小时就作为这项工作的计划时间。

这种以最小值作为标准的方法，突出的缺点就是时间安排得不充足，在计划时间内往往完不成任务或工作。虽然是为了节约时间，但如果在计划时间里完不成工作，或者将这项工作暂时放下，或者延迟下一项工作的时间进程，这些都会给整个任务带来很大影响，并不一定能节约时间，相反很可能会浪费一些时间。

当然也不用以最大值作为标准，适中即可。在时间安排上，使用计划要有一定的弹性，比较灵活，这是最理想的。

（3）要从时间计划中找毛病。计划不表示马上就执行，从实际计划的执行中才可以找出自身在时间管理方面的毛病，以及计划本身的毛病。

衡量时间利用得是否有效，有两个标准：

1）是否浪费了时间。例如把本应该学习的时间用于看电视、打扑克等，就是明显浪费时间的表现。

2）做事的效率如何，即在单位时间内，做了多少事，效果怎样。效率高的条件是时间较短、效果好、做事多。

生活不能没有计划，许多人因为工作忙等原因忘记了做计划，也有人成了计划的奴隶，为计划所累。轻松、快乐的生活并不难，只要你能够制订出一份好计划，并按计划执行，时间会为你所用，你将真正成为时间的主人。

4. 让时间增值

让时间增值，实际上就是提高时间的质量，主要内容就是提高质，增加量。提高质，即提高效率，而增加量，即减少浪费的时间，这才是让时间增值最核心的内容。如何让时间增值呢？

一是要善于借用别人的时间。中国对外开放，学习发达国家先进的技术和管理经验，实际上是为了缩短与发达国家生产力之间的差距。这样直接引进技术，可以减少研制的费用，更重要的是为自己节省了宝贵的时间。第二次世界大战后，日本经济飞速发展的一个重要原因就在于日本政府及企业成功地运用这一战略。

日本“经营之神”松下幸之助在战后寻找技术合作对象时，决定把目标选定为荷兰的飞利浦公司。但在协商的过程中，飞利浦公司提出以松下公司营业额的7%作为技术转让费，但这对于刚经受战争摧残的日本松下电器来说无疑太高了。松下幸之助却以超人的远见和胆识决定继续谈判，最后将技术转让费降到4%~5%。虽然还是偏高，但他获得了世界一流的技术、设备和研究人员，利用这些宝贵的资源，松下公司抓住了赶超世界先进技术的时机。

作为个人来讲，也可以借用他人的经验，为自己节省时间，赢得机遇。其实，借用他人经验也就是借用他人时间，从而节约自己的时间。例如，一个手工编织者，按照以前的方法，一天可以编织20件手工品。如果他采用他人的先进经验，可能一天编织25件。这样，如果每天工作八小时，他就可以节约两小时时间。

一个上进的人，会不断学习别人的先进经验，巧妙地借用他人时间，为自己的成功赢得时间。借用他人时间，弥补与他人竞争上的时间差，这才是聪明之举。

二是要利用好零碎空当时间。生活中有许多空当时间，比如，等人候车的时间、上下班途中的时间、上班前或开会前的时间、排队的时间等，甚至煮饭烧菜也有一小会儿的空当。

如何利用这些时间呢？在这些时间里一般不宜做比较复杂的事情，而应该做一些简便的事。比如，等人候车时拿一份报纸、杂志看看；上下班途中，可以回顾一下当天的工作或做一些初步的计划，或思考一些问题；上班前或开会前的时间最容易被浪费掉，人们常常在无聊中打发这一段时间，你可以利用这点儿时间闭目养神，或思考一下工作计划；排队时一般会无聊且心情比较焦急，思考问题可能比较困难，不妨带个随身听欣赏一下音乐，或者回忆下以前有趣的事情，心情会好得多。

零碎、空当时间利用起来也是一笔财富，不要忽略了这笔财富，它会给你的生活带来意外的收获。

三是不要违背你的生物钟。生物钟一旦形成，就不要轻易违背或随便调整，因为你违背了生物钟，你的生理器官会不适应这种变化，特别是你的大脑，不仅不能让它处于兴奋状态，还有可能会损伤脑细胞。

有的学生临考前喜欢“开夜车”，其实这种做法是十分不科学的。白天的学习已经比较紧张了，晚上大脑更应该得到休息。如果牺牲睡眠时间继续学习，大脑会处于极度疲劳状态，这样的学习效率相当低。

并且，没有足够的睡眠，第二天的学习会受到严重影响。长期下去，将会使人体激素分泌失调，大脑功能衰退，甚至会引发神经衰弱等疾病。

养成有规律的生活习惯是十分必要的，遵循客观的规律进行学习、工作和生活，将使你的效率大增。从长远来看，生活习惯有规律的人身体比较健康，工作有效率，心情也较舒畅。

利用好你的生物钟，不仅有利于身心健康，而且也使你可以随时随地保持较好的心态，提高你的工作效率。许多成功人士尽管时间很紧张，但他们的生活都很有规律。

思考题

1. 说一说你对时间管理的感悟与经验教训。
2. 怎样为自己赚取时间？怎样为时间增值？

第十一讲　管理好你的身体

——做一个身心健康的人

名人名言

● 身体是革命的本钱。

——毛泽东

● 如果把身体健康比作“1”，其他后面的因素都是“0”，失去“1”，等于失去一切。

——无名氏

● 像蜜蜂一样生活。又唱又跳，无忧无虑，天天快乐，心情愉快，轻松自在。

——著名健康教育专家 洪昭光

● 牵着蜗牛散步，学会慢生活。反之，快节奏，容易患“延缓幸福综合症”。

——著名健康专家 洪昭光

● 身体是自己的，也是众多爱你的亲人们的，英年早逝，多少“亲者痛”！

——边哲

在成功的路上，身体健康至关重要。身体健康应该是人生中最重要的目标，人活一辈子，谁都希望健康。

世界卫生组织早在1953年就提出“健康是金”的主题口号，希望人们要像对待金子一样珍爱生命。之所以说健康比金子还珍贵，因为健康很难再生或不可再生，一旦失去，再先进的高科技都无法使受损的机体恢复到原有的状态，就像一张白纸，揉过之后再也不可能恢复到原先的平整一样。很多年轻人认为自己还年轻，能吃能睡就是没病，有了病症坚持一下就挺过去了，结果病入膏肓时才如梦初醒，但是一切都晚了。

案例11–1　文化高了，寿命短了

45岁的刘先生是某事业单位的正处级干部，半年来一直腰酸腿痛夜不能寐。但是却舍不得放下工作去医院进行正规的诊疗，一日三餐中有三分之二的饭局都是在接待应酬中度过的。他以为晚饭后随便按摩一下就可以解决问题，工作应酬和治病两不误。待到病情加重到发生骨折，刘先生15年来才首次踏进医院的大门。在医院全身一查，原来他是肺癌全身转移导致病理性骨折。到处求医的刘先生家人被多家医院告知这么晚期的病例，基本没有治疗的价值了。

像刘先生这样总以工作为借口死撑着不看病的中年知识分子很多。有人戏称北京中关村的年轻人越来越不会“玩”了，除了电脑还是电脑。一些是有高学历、高职称的“白领、骨干、精英”快变成“白骨精”了。某市政府做过调查，机关里健康状况最差的是中年人，但他们却以工作太忙为借口极少请假看病，经常到医务室理疗、开药的老年人总体健康状况反倒优于中年人群，该单位的中年人平时看起来好像没事，个个都是10年、20年没病过，但一病倒全是大病、重症。最新的调查发现，知识分子的人均寿命比10年前下降了5岁，仅为53岁，比全国人均寿命72岁少了19岁，中年知识分子死亡率更是超过老年人两倍，死亡年龄段多在45~55岁。

案例11-2 职业女性的“心病”越来越重

随着社会日新月异的发展和竞争的日益激烈，职业女性的压力越来越大，“心病”也越来越多、越来越重。

有些女孩子本来工作不错，收入不错，然而她们却感到迷茫，不知道自己究竟想要什么。随着阅历的增长，对于工作逐渐失去了兴趣，常常是莫名其妙地出现疲劳的症状；有的面对工作机会瞻前顾后，犹豫不决，“大事做不来，小事又不做”；也有的女性过分地追求变化，不断地变换工作环境，不知道什么工作适合自己，结果使自己对工作越来越麻木。

有些中年女性面临下岗、再就业，找工作成了麻烦事。很多单位明文规定不招女性，即使招也要加上一条年龄限制：不能超过35岁。这就更增加了她们的心理恐惧，担心随着年龄的增长，时刻面临着被解雇的风险；她们年龄偏大，知识结构相对陈旧；她们觉得精力不充沛，竞争不过年轻人，其实这是她们自信心不足的表现。

还有一些女性时常有一种尴尬：生活在繁华的都市里，看着周围的人住洋房、开轿车、穿时装，过着令人羡慕的生活，耳濡目染，自己也渴望过上这样的富裕生活。但因为是工薪族，囊中羞涩，无力应对，由不满足于现状导致心理渐渐不平衡起来。

另外还有一类职业化女性，在外是单位的领导和骨干，在家是贤妻良母，她们为事业、家庭和子女的成长而奔波，还要在上下级、同事、姻亲、家庭等错综复杂的人际关系中求得完美。她们承受着各种压力，纷繁复杂的各种事情使她们紧绷着一根弦，她们也在担心，万一哪天弦断了，后果将会如何？

（选编自洪昭光著：《40岁登上健康快车》，漓江出版社，2006年4月）

一、100 - 1 = 0

有人把健康比成一个公式：100–1=0，1 代表身体健康，100 代表事业成功，如果没有前面的“1”，哪有后来那么多的“0”？著名健康教育专家洪昭光指出：“生命与健康是一条单行线，奔流到海不复回。”许多人对健康的本质认识不够，人工的东西再好也不能超过自然给予的东西。人类用了很多时间去征服自然，但对自身的认识却非常肤浅，比如一架波音 747 飞机由全球 5000 个工厂合作、600 万个零件组成，数字很惊人吧，但是人的一个细胞里面所包含的基因竟有大约 10 万个，由 30 亿个碱基因对组成，人的大脑皮层就有 1000 亿个细胞。可见人的复杂性比最复杂的飞机还要复杂千万倍。

很多中青年精英，不能把握工作与休息时间的平衡，浮躁、急躁、烦躁，不分日夜连续工作，苦干蛮干，以致英年早逝，这都是对健康的无知。北京某高科技园区科技人员死亡的平均年龄不足 53 岁。一位心内科副主任医师，为参加全国性会议赶写三篇论文，连续工作 72 小时，结果猝死在办公桌上。一些拥有金山银山的企业家，正当英年，已是“无可奈何花落去”，真是令人扼腕痛惜。

近些年，不断有教授、学者和商界精英猝然辞世，他们的年龄都在 35~60 岁，英年早逝是这个社会的“痛中之痛”，一痛自己流血，二痛亲人流泪，三痛国家人才损失。

过去说，健康是自己的，只说对了一半，准确地说，健康属于你和爱你的人。个人损失只是“冰山一角”，冰山的 90%都是在水下看不见的。一个人的离去至少会对 10 个最亲近的人造成直接的伤害，对几十个亲友造成间接伤害，还有无法估量的事业上的损失。越爱你的人受的伤害越大，真是“亲者痛”啊！

二、影响身体健康的四大误区

1.“工作忙”的误区

据有关部门对公务员做的健康调查结果显示，68.6%的公务员平均每天用于运动健身的时间不足半小时，62.7%公务员每天与家人在一起交流的时间不足半小时。可别小看了这两个半小时，它可能就是你身体健康和家庭健康的最大隐患。

几年前，美国白宫总统保健医生给布什总统开了一个健康处方，那就是要与夫人多相聚、共进晚餐，还要手拉手、多走走，这样才能令夫妻感情好、误解少。

也许很多人都会说，我们忙，没有时间怎么办？我们说，今天的社会正处在大发展时期，大家都很忙，但我们再忙，能忙得过当年的邓小平同志吗？他70多岁时仍主持中国改革开放，日理万机，可还是能抽时间和小孙女一起锻炼身体。我们再忙，能忙得过美国前总统小布什吗？他每天能运动一小时，并与夫人话聊两小时。

小布什带头坚持长跑，号召全美国人参加运动，他跑五公里用时21分钟，比我们的大学生跑得还快。说到底，这不是时间问题，而是一个人的健康观念问题。无论你有多忙，只要真正能够认识到健康快乐的重要性，你就一定会有时间来锻炼身体。

拥有健康就有希望，就拥有未来；失去健康，就失去了一切。洪昭光先生讲："一个人能力再强，本事再大，就算你是个劳模，荣誉是谁的啊？荣誉是领导的。没有领导的关心、爱护、帮助、扶持，你怎么会有今天的荣誉？成绩是谁的啊？成绩是大家的。没有大家的齐心协力，互相帮助，你又怎么能取得好的成绩呢？金钱是谁的呢？金钱是子女的。你就是有金山、银山，去世时一分钱也带不走啊！人只是空着手来，空着手走。荣誉是领导的，成绩是大家的，金钱是子女的，只有身体才是自己的。我们一定要关爱自己，因为健康的钥匙就在自己的手里。"

2."知识盲"的误区

据近年北京市的调查，小学生已经有了高血压，中学生有了动脉硬化。为什么经济发展了，钱多了，物质生活水平提高了，却得病更多了，死得更快了呢？有人以为这都是经济发达、生活富裕惹的"祸"。其实不然，恰恰是因为精神文明不足、健康知识缺乏产生的。死于无知比死于疾病更可怕。据调查，中年人的早逝，主要有三大原因：一是过劳死，工作过重，时间过长，相当于汽车超载；二是过急死，工作压力大，心急气躁，相当于汽车超速；三是过累死，长期睡眠不足，疲惫不堪，相当于司机疲劳驾驶。一辆汽车超载、超速，又疲劳驾驶，事故概率必然大幅升高。但是这些简单的保健知识我们却熟视无睹。

美国的白人跟黑人相比，白人钱多，物质生活好，白人高血压、冠心病、肿瘤明显比黑人要少，寿命要更长。

美国白领地位高，收入也高，可是他们所患的疾病远远少于蓝领，寿命也长，这说明什么呢？因为白领受到了较好的健康教育，精神文明、卫生知识、自我保健意识高。因此，现在我们得病越来越多，并不是因为物质文明好，而是因为精神文明不足。如果我们增长了卫生保健知识，就可在经济发达的同时更健康，而不是疾病更多。

3. 不良的生活方式

现实生活中，很多人并不真正懂得生活和健康，没有一个科学的生活观和健康观，由此养成了许多不良的生活方式和习惯，食无定时，居无定所，食不甘味，寝不安席，酒不离口，烟不离手，有人称为“现代病”。这种所谓“现代病”，无异于慢性自杀。比如饮酒过度，外国人为了表示尊敬，碰碰杯，然后随意。而中国人，不醉誓不罢休。什么“感情深，一口闷；感情浅，舔一舔”，近年来，喝酒醉死者时有耳闻；再如请客吃饭，外国人比较节俭务实，一点米饭，一份鱼肉，一份水果，少而精。而中国人请客，大鱼大肉，生猛海鲜一大桌，好像食欲比拼，结果不仅浪费，也伤了身体。

不良的生活方式还表现在有的人生活不检点，纸醉金迷，明知故犯，不能克制自己。据说，北方有一户农民年收入 20 多万元，年终给孩子的压岁钱就有好几千元，全部买了烟花爆竹，而一家七口人却共用一把牙刷。他们认为每人用一把牙刷是多余的。实际上保持口腔卫生，可以减少很多疾病，如高血压、动脉硬化、心脏病等。后经检查，这家七口人有四人得了高血压。近年来，“吃”出来的病也常见报端，什么“果子狸”、“福寿螺”等带来一系列疾病，令医生束手无策。

4. 不当的奖励政策

我国的奖励政策经常鼓励人们透支健康。加班加点、带病工作的人常常被评为劳动模范和先进工作者，工作按部就班、有张有弛的人却不被看好。

再看中国逢年过节，我们经常探访的是老病号，健康的人没人关心。据说，美国的一些公司，年终午餐会时要给一年当中不得病的人发奖，一人一件T恤、一个网球拍，或象征性地奖励一张支票或少量现金，然后，大家为他们鼓掌，都很高兴。这些美国企业家真是太聪明了，他们知道这些健康人每年为他们节省了多少医药费。反观我国的医保制度，有病不防，病后如江中堵漏，公费医疗成了一个无底洞。

三、"我的健康我做主"

虽然我们不能选择基因，但却能够选择健康。据世界卫生组织报告，健康有四大决定性因素：一是内因，即父母的遗传因素，占15%；二是外界环境因素，其中社会环境占10%，自然环境占7%，共占17%；第三是医疗条件占8%；第四是个人生活方式的影响，占60%。

因此，在我们能够控制的后两种条件中，个人生活方式的因素在68%中占60%，即约九成。美国社会福利局报告：采用医疗方法，花费数百亿至上千亿美元可以减少10%的过早死亡，而用养生预防方法，不用花多少钱，就可以减少70%的过早死亡。

另外，科学养生和保健可以使高血压发病率减少55%，中风减少75%，糖尿病减少50%，肿瘤减少33%，更能使健康寿命延长10岁，生活质量也会大大提高。新的研究表明：中年注意养生的人（指零危险因素）与不注意养生的人（有1~4项危险因素）相比，老年期65岁以上所花的医疗费仅为后者的1/2~1/3，同时住院次数也大大减少。在这样的一组数据对比中，那些总是称自己忙的人，还有理由不预防、不保健吗？

世界卫生组织曾提出男性健康的十大标准。

（1）有充沛的精力，能从容不迫地担负日常生活和繁重的劳动，而且不感到过分的疲倦和紧张。

（2）处事乐观，态度积极，乐于承担责任，事情无论大小不挑剔。

（3）善于休息，睡眠好。

（4）应变能力强，能适应外界环境的各种变化。

（5）能够抵抗一般性感冒和传染病。

（6）体重适当，身体均匀，站立时头、肩、臀位置协调。

(7) 眼睛明亮，反应敏捷，眼睑不发炎。

(8) 牙齿清洁，无龋齿，不疼痛，牙龈颜色正常，无出血现象。

(9) 头发有光泽，无头屑。

(10) 肌肉丰满，皮肤有弹性。

对照这些标准，无疑我们还存在不少差距，我们究竟怎样管理好自己的健康呢？用洪昭光先生的一句话来概括："我的健康我做主。"

1. 保持身心健康

健康并不仅仅表现在体魄上。根据联合国卫生组织的定义，健康是指人的身体、心理、精神都要处于良好的状态。2000年，据世界卫生组织（WHO）、世界银行、哈佛公共卫生学院的调查研究结果，精神疾病占了发达国家疾病的15%，这个数据超过了所有癌症的总和！西方的研究还发现，自1960年以来，人潜在的精神紧张增长了44%，精神紧张不仅能导致人体产生疾病，而且也会造成巨大的社会风险。据世界卫生组织的统计，全球完全没有心理疾病的人口比例只有9.5%。是什么造成这样的恶果？毫无疑问，是现代人在对物质贪婪追求的同时，忘记了这也是在残酷地消耗着自己的生命。

我国的正常人群存在心理障碍的比例已经高达20%。从对全国数百名企业家的抽样调查显示来看，中国企业家群体已经成为与心理因素有关的多种疾病的高危人群。据北京心理危机研究与干涉中心的数据表明，自20世纪80年代以来，中国已有1200多名企业家因为自己不可摆脱的心理障碍走向了自杀身亡的道路。事实上，身患心理疾病的人并不在少数。据调查显示，53%的中青年存在着不同程度的心理健康问题。这些触目惊心的数字，为我们敲响了警钟。心理健康直接威胁着现代人的生命。谁不爱护自己，谁不懂得建立良性的生活方式，谁就是自己的牺牲品！长期以来，我们只强调身体健康，而忽视了心理健康。有专家指出："身体素质的一半是心理素质。"

2. 合理的睡眠与休息

保持身体健康，其中很重要的是保证睡眠与休息。只有身体得到了充分休息后，才能更好地工作，就好像机器也必须加机油一样。如果有一个工程师只因为要省一点儿润滑油，而任凭他的机器和发动机损坏的话，你一定要嘲笑他是一个大笨蛋。可是，我们的社会中到处都有这样的大笨蛋，他们舍不得用睡眠与休息的油来润滑自己那架宝贵的身体机器。

睡眠是一种对身体和大脑最全面的休息，睡眠使体内的各种生理活动处于放松状态，能量消耗减少，并且对活动时体内积累的代谢产物进行分解和排出体外，还能得到充分的能量来修补和恢复人体在活动时造成的损失，能起到减少体内各种代谢产物、蓄积能量、消除疲劳、调整机体各个器官的生理功能的作用。

每人都应保证充足的睡眠时间，按年龄的差异，中青年人每天应睡八小时左右，60~80 岁的人也要睡八小时，70~90 岁的人应睡九小时以上。

洪昭光先生在《登上健康快车》一书中介绍说，要像心脏一样有张有弛地工作。心脏工作的特点是高效、低耗、持久和安全。长期以来，人们对心脏有一个误区，以为它不知疲倦、不分日夜坚持工作。其实心脏的工作是非常有智慧、有理性的。以正常人为例，正常人心率为 66~70 次/分（当然快慢有波动），即每一次心跳为 0.9 秒，其中收缩期（工作）为 0.3 秒，舒张期（休息）为 0.6 秒，即 1/3 时间工作，2/3 时间休息，相当于我们的八小时工作制。到了夜间入睡，心跳变慢为 50 次/分，这时心跳为 1.2 秒，收缩期还是 0.3 秒，舒张期变成 0.9 秒，也就是 1/4 时间工作，3/4 时间休息，心脏自行改为六小时工作制了，心脏多么有智慧！它工作休息有序，从不拖泥带水浪费体力，更不日夜颠倒打乱规律。善于休息是心脏第一特点。正如列宁所说："谁不会休息，谁就不会工作。"更奇妙的是，心脏秀外慧中的灵巧艺术结构使它工作时耗能极少，由于神经传导的精密调控，各部位协调同步，心房心室的收缩犹如行云流水，和谐柔美，因而在完成同样工作量的情况下比任何人造的机器耗能都要少。

为了应付激烈的市场竞争，有些同志整日忙于工作，大脑神精整天处于紧张状态。长此以往，身体受到极大损害，从而无法正常工作，可谓得不偿失。所以一个人必须学会休息，注意工作中的"张弛相合"，这不但于自己健康有益，对事业也是大有好处的。

如今，有些年轻人在刚刚跨入社会的时候，以为自己有着取之不尽、用之不竭的能源。他们相信能利用自己这巨大的精力储备，做出惊人的事业来。他们也希望把一切的精力完全变为促进成功的因素，他们为自己年轻感到自豪，以为能量不会有用尽的一天。直到真正抗不住了，才恍然大悟。伟人毛泽东同志曾告诫我们说：“身体是革命的本钱。”20世纪50年代，许多青年人曾提出过一句响亮的口号：“要为革命工作50年。”身体健康的同志大部分都实现了这个诺言。

3. 加强体育锻炼

现在社会上流行一句话：“请你去吃饭，不如请你去出汗。”当你感到身心疲惫、生活乏味，遇到任何事情都提不起精神、引不起兴趣时，你最好去运动运动，或者到乡间散散步。

锻炼对减缓压力、提高工作效率的作用是众所周知的。台湾著名企业家王永庆对企业运转的每一个细节都了如指掌，他追根究底、事无巨细，整个庞大的企业都在他的掌控之中。他每周的工作时间在100小时以上，他由于每天坚持锻炼，尽管年逾古稀，但身体状况仍然很好，而且精力充沛。

目前，不少人在锻炼身体上还存在不少误区。其一，认为锻炼使人尴尬。对于运动能力不太好的人来说，参加锻炼，或者参加一些竞技项目时会感到窘迫。原因是自己经常“当众出丑”。你一定要清楚，很多人只是为了锻炼身体和保持健康才去参加竞技项目的，你不用拿自己与他们相比。为了减少这种尴尬局面，你可以找一些身体状况和你差不多的朋友一起去参加。其二，认为锻炼的花费过大，这倒不是指体育器材的投入，而是认为锻炼可能会耗费很多时间，或者锻炼可能会挤掉其他的重要事情。而实际上，每周三四个小时的时间只不过占用了你全部清醒时间的4%，这比花在其他方面，如看电视、阅读休闲书刊、听广播等的时间要少得多。即使在看电视的时候，也可以做体操、跳绳或者在器械上做一些锻炼。其三，认为锻炼需要付出许多痛苦，但没有痛苦就没有回报。

为锻炼付出多大的努力，取决于你的目标和目前的身体状态。如果你的目标只是为了保持适当的健康，那么中等强度的锻炼就够了；如果你是一个竞技者，你也许需要高强度的锻炼。但是，不要因为竞争的动机或者是因为急于想提高自己的身体健康水平而坚持高强度的锻炼。这样反而会有损健康。

如果你不是处于很好的状态，应该慢慢开始。一般在身体适应强烈的运动之前，应有几周的轻度和几周的中度锻炼。有的锻炼者错误地认为，锻炼只有达到了疼痛、灼热和恶心的程度才算达到标准。其四，认为锻炼需要所谓“仪式”，比如必须到体育场馆，必须身着运动服，必须拉开架势，这样才显得正规和决心。而事实上，锻炼可以在许多不同地方进行，除了必需的场合外，不要你做任何过多的准备。

一旦决定坚持锻炼，就要有信心和规划。比如制定可以达到的目标；注意自己的进步，建立自我效能感；提供可供观察的进展成绩；完成一个短期目标后给自己适当的激励（如参加一项自己非常喜欢的活动或娱乐）。

为自己制造一套合理的锻炼与健身方案应纳入工作之中。

4. 保持良好的生活方式

生活方式对身体的影响是一种自我调节和充电的方式，是一个人对自身这台机器的基本保养。如同哲学家阿希姆·里特尔所说：“未来需要能源。”一个有节奏、有弹性的生活方式，实质上是自我能量的储蓄充电，我们必须为自己提供这种空间和环境。只有在休闲的时光，你才能够反思过去的经验，并建立新的思想和视野，失去这种自我认识和自我充电的能力，我们就不能在新的竞争中脱颖而出。高尚的生活方式也意味着合理地安排时间，优化生活构架，让人这个制造财富的机器良性运转。洪昭光先生提出，要像蜜蜂一样生活。他说：“让我们看看蜜蜂的生活吧，蜜蜂又唱又跳，无忧无虑，天天快乐，心情愉快，轻松自在。”据考古发现，蜜蜂是一种有近亿年历史的古老生物。6500年前，“巨无霸”恐龙在一次行星撞击地球造成的恶劣气候中绝迹，而蜜蜂不仅存活下来，而且家丁兴旺，遍布全球，可谓“四海之内皆兄弟，天下无处不蜜蜂”。

人们不禁要问，在亿万年残酷的物竞天择、适者生存的竞争中，蜜蜂是如何生存下来的呢？可以肯定地说，蜜蜂靠的不是硬实力，而是软技能，这个软技能就是生活快乐。你看小小的蜜蜂，每天早早起床，高高兴兴地飞到百花丛中采集花粉。朝霞迎接，和风送行，蓝天做伴，小鸟和鸣。它们有严密的组织、严明的纪律、严格的分工。工作时专心致志，一丝不苟，一朵花儿都不漏过。发现远处有好花时，它会发出信息，互相招呼，集体前往，不辞辛劳，不怕跋涉。蜜蜂以花为伴，与花为善，在花丛中牵线搭桥，做月下老人，使花儿满树，硕果满枝。

蜜蜂非常团结。数以万计的蜜蜂挤在一个蜂巢中，相互之间的摩擦、磕碰在所难免，但与心胸狭隘的蚂蚁不同，蚁群内常为争食而打架斗殴，而蜜蜂却有一颗宽容的心，它们之间从不发生争斗，而是相互礼让，蜂口众多却井井有条，令人称奇。蜜蜂群体有很强的凝聚力，一致对外，为保护蜂巢，个个奋勇争先，舍生忘死，整个蜂群表现出极强的战斗力，即使来势汹汹的恶禽猛兽也不敢轻易冒犯蜂群。

那么我们该怎样向蜜蜂学习，保持一个好心态，养成一个好习惯呢？

首先，学会慢生活。尤其是在如今快节奏的社会状态中，要避免工作超载、生活超速和疲劳驾驶，就要学会“慢生活”，使自己心理生理阴阳平衡。在这一点上，八十高龄，精神矍铄、潇洒从容的金庸先生给了我们一个很好的回答：“乐观豁达养天年。”金庸先生学识渊博，著作等身，但他不尚奢华，而是羡慕“且自逍遥”的生活，饮食简单清淡，达到七八分饱就可以了，衣着自然简朴。他说：“人要善于有张有弛。武侠小说里打一会儿，就要吃饭，谈情说爱，不能老是很紧张，要像《如歌的行板》韵律一样，有快有慢。我的性子很缓慢，不着急，做什么都是徐徐缓缓，最后也都做好了，这样对健康很有好处。”徐徐缓缓的金庸先生做出了自己的事业，为表彰他的杰出贡献，2001 年国际天文学联合会把一颗小行星命名为“金庸星”。

与之相反的一种“快节奏感”，则是被医生称为“延缓幸福综合症”的心理疾患。患这种病的人，总是为没有充足时间去完成应该完成的事情而感到焦虑，而且永远把自己的兴趣和爱好以及休息时间放在次要位置。据估计，全世界每 100 人中就有 40 人患有这一隐性的心理疾病。

心理学家表示，不少都市人在高效率的工作节奏中感到精神疲惫，没有满足感，主要是因为其“吝啬”拿出时间来进行心理上的自我整理。其实，适时地“刹车”是为了走得更远。经常有计划地拿出整块的时间来做运动，让自己可以慢慢做一顿好饭、看喜欢的书、给花浇水，甚至只是坐着发呆，都是一种自我调节，人们可以在这些平凡的细节中感受到生活的幸福。

学会“慢生活”，并不是指在工作上的懒惰，而是提倡人们不要将工作带到家中，尽量不要加班，杜绝周末还要查看电子信箱、打工作电话。

学会“慢生活”，可以从运动开始。慢式运动能提高生活品质，那种形式上的慢速度、慢动作，所带来的是内心本质加速地放缓。如今，无论是在忙碌的美国还是在浪漫的澳洲，一种“每天一万步”的健身方式相当流行。医学研究表明，每天步行一小时以上的男子，心脏局部缺血的发病率只是很少参加运动者的1/4。

其次，保持一份好心情。人生什么最珍贵呢？1400年前101岁的唐代名医药王孙思邈说：“五福寿为最。”怎样得寿呢？公认的最佳方法就是心灵养生——拥有一颗禅心。平和心态，爱心常在。孔子说：仁者寿。就是气以宽厚者寿，言以简默者寿，质以慈良者寿。一个人淡泊明志，就能宁静致远；不以物喜，不以己悲。林则徐喜欢的对联是：读书静坐，各得半日；清风明月，不用一钱。在达观宁静的心境下，人体自身的免疫力、代偿力、康复力得到最佳组合，各项机能阴阳平衡，和谐运行，精、气、神、形达到最佳境界，心境如“千江有水千江月，万里无云万里天”一样的明澈。心灵平静了，心理就平衡，生理就稳定，病理就不发生，即使发生了，也能很快重新平衡。研究表明：一个积极乐观的心态对全身抵抗力的调动、整合和增强有着超乎人们想象的巨大力量，它能使体力体能增强，能力大幅提高，疲劳焦虑消失，炎症减轻，癌症痊愈。美国运动员阿姆斯特朗身患癌症，手术化疗后还获得六次环法国自行车赛世界冠军；还有许多抗癌明星近乎不可思议的故事都说明了这一点：一个好的心态就是大自然恩赐你的最好的健康法宝。所以，医学之父希波克拉底说：病人的本能就是病人的医生，最好的医生是自己。

5. 合理膳食

随着物质财富的增多，我们可供选择的食品也越来越多，在我们经常大饱口福，充分享受美酒佳肴的时候，又不能不为我们的健康担忧。这里有一个最大的误区是“我喜欢吃什么”，“不喜欢吃什么”，选择标准完全以个人喜好为标准，而非营养适当为标准，结果通过吃，吃出了超重体形，吃出了高糖、高血脂、高血压等诸多“富贵病”。

那么如何选择真正健康的食品呢？主要有四个原则，可供参考：

(1) 尽量选择低热量、低脂肪和低胆固醇的早餐。经过一个晚上的休息，身体处于一种饥饿状态，摄入的热量会比较多，因而用高热量或高脂肪或高胆固醇的食物去刺激这个时间的胃，是没有太大好处的。

(2) 蔬菜和水果都要吃最新鲜的，而且尽量要保持它们的原味，原汁原味地食用它们，才不会破坏其中的营养结构和含量。很多食物会因为加工不当，把原来有利的含量变为对身体有害的物质，反而害了自己。

(3) 尽量减少甜食。吃甜食会使腰围变粗，体重增加。专家表示，它还会让皮肤失去光泽，产生皱纹。主要起因是糖化作用，即摄入的糖分与血液中的蛋白相结合，产生有害分子糖化物（AGEs）。糖分吃得越多，产生的AGEs就越多，进而损害胶原蛋白和弹性蛋白，皮肤就会变得干燥脆弱。

(4) 尽量减少用肉量。肉中所含的脂肪、蛋白质等已经是引起很多疾病的因素，适当的减少是很有利的，也可通过其他途径来补回在这方面所失去的营养。

重新审视一下你的菜单和你日常的饮食习惯，想想各种你喜爱的食物在你的身体需要中到底占有怎样的位置和起着什么作用，然后你就可以科学地安排自己的饮食了。

中年人应该多吃的食物有以下几种。

牛奶：可降低血清中胆固醇的浓度，含有大量的钙质，能减少胆固醇的吸收。

大豆：可以降低血液中胆固醇的含量。

生姜：具有降血脂和降胆固醇的作用。

大蒜：可消除积存在血管中的脂肪，具有明显的降脂作用。

洋葱：在降低血脂、防止动脉粥样硬化和预防心肌梗死方面有良好的作用。

木耳：能降低血液中的胆固醇，可减肥和抗癌。

燕麦：具有降低血液中胆固醇和甘油三酯的作用，常食可防动脉粥样硬化。

红薯：可供给人体大量的胶原和黏多糖物质，可保持动脉血管的弹性。

山楂：具有加强和调节心肌、增大心脏收缩幅度及冠状动脉血流量的作用，还能降低血清中的胆固醇。

茶叶：有提神、强心、利尿、消腻和降脂之功。

海鱼：有降血脂的功效。临床研究表明，多食鱼者其血浆脂质降低。有预防动脉硬化及冠心病的作用。

蜜橘：可以提高肝脏的解毒能力，加速胆固醇的转化，降低血清胆固醇的含量。

洪昭光先生把合理膳食概括为："一、二、三、四、五、红、黄、绿、白、黑"十个字：

"一"——每天喝一袋牛奶；

"二"——每日摄入250~400克碳水化合物（主食）；

"三"——每天进食3~4份高蛋白食物（荤菜）；

"四"——四句话："有粗有细，不甜不咸，三四五顿，七八分饱"；

"五"——500克蔬菜和水果；

"红"——西红柿、适量红酒；

"黄"——黄色蔬菜，如胡萝卜、红薯、南瓜、玉米等；

"绿"——绿茶；

"白"——燕麦粉、燕麦片；

"黑"——黑木耳。

洪昭光先生有许多健康箴言，值得我们记取。

一个中心：以健康为中心。健康不得病：个人少受罪，家人少受累，节省医药费，造福全社会。

两个基本点：糊涂一点：不计较小事，不心烦，不气急；潇洒一点：度量大一点，站得高，看得远。

三大作风：助人为乐；知足常乐；自得其乐。

三个正确对待：正确对待自己，自知之明；正确对待他人，关爱他人；正确对待社会，感恩社会。

四大秘诀：合理膳食；适量运动；戒烟限酒；心理平衡。

四个好：最好的医生是自己；最好的药物是时间；最好的心情是宁静；最好的运动是步行。

思考题

1. 试问你有哪些健康误区？说一说自己的体会。

2. 如何做到"我的健康我做主"？

第十二讲　管理好你的学习

——做一个勤奋好学的人

名人名言

- 饭可以一日不吃，觉可以一日不睡，书不可以一日不读。

——毛泽东

- 企业唯一持久的竞争优势，就是比你的竞争对手学得更快更好的学习能力。

——[美] 壳牌石油公司 德格

- 一个人想从平凡普通变得出类拔萃，其秘诀就是相信学习奇迹并懂得变化。

——[美] 欧文·拉兹格

- 影响学习的核心因素主要有三个：一是状态，二是策略，三是内容。状态即是创造学习的精神心境；策略代表授课的风格和方法；内容是学习的主题。在每个好的课程中，三者缺一不可，但最主要的是情绪状态，“学习之门”必须由此打开。

——[美] 埃立克·詹森

- 改革我们的学习。在学习动机上变“镀金”而学为“成钢”而学；在学习方法上变零打碎敲学习为系统认真学习；在学习内容上变学“批件”为学理论；在学习效果上变“述而不作”为“学中创新”。

——社会学家 邓伟志

在现代社会，知识更新的速度越来越快，加上互联网的发展，使得终身学习成为一种必然。所以，有个坚持不懈的学习心态是现代人所必备的基本素质。如果没有“学习心”，不知道及时为自己充电，那么你的事业将很难有发展前途。所以，应该学会主动出击，不要被动地等单位来培训你。要让学习成为一种很自然的习惯和行动，补充你的专业知识，这样才会获得超强的竞争力。

案例 12-1 像关心孩子学习那样关心自己“充电”

近读一本小册子，讲的是犹太人如何酷爱读书的故事。据说，在犹太人家里，当孩子刚一懂事，家长就为他（她）举行一个特别仪式，由母亲拿出一本《圣经》，点一滴蜂蜜，然后让孩子去吻一吻。言外之意就是告诉孩子，书是甜的，长大以后要好好读书。犹太人去世了，家里人也会在墓地上放一本书，在他们的意识中，即使人死了，也会在夜深人静的时候出来读书。无独有偶，中国家庭也要在孩子周岁之日举行一个“抓周”仪式，桌上放有书本、算盘、玩具、糖果等，看孩子先抓到哪一项，如果先抓到书本或算盘，全家人就会兴高采烈，因为这就意味着孩子今后是一个读书的材料。由此看出，中国人对读书学习一直褒奖有加，对孩子上学更是特别关注。尤其在今天，年轻的父母从胎教开始就注意培养孩子的智力。从上幼儿园、中学到大学乃至出国留学，每个家长无不费尽心机，也不惜倾注大量的财力。可是身为父母，尤其是到中年以后，有的人只注重孩子学习，而忽视了对自己继续“充电”，有的人总是借口工作忙无暇读书，以至于出现了知识经济条件下的“新文盲”。记得著名未来学家约翰·奈斯比特在 20 世纪中期就曾预言“下个世纪最震撼人心的突破不是来自技术的进步，而是来自作为人这一概念的扩展”。人的概念如何扩展，除了抓紧青少年时期的普通学历教育之外，更有赖于成年后的继续教育与终身教育。在德国，每四个成年人中至少有一人在职业学校进修。每一个家庭至少要订阅4~5种报刊。德国人中大多数人有多种技能，不怕下岗，这岗不成转那岗。因此，学习培训成为德国人良好的生活习惯和社会发展的内在力量。据日本松下公司调查，在职职工培训的投入产出的比率是1∶14，即每投入1元，将获得14倍的收益。日本松下公司创始人松下幸之助还总结说：“企业的差距乃是培训的差距。”

当前，一些成年人忽视自身学习，还能找到一些借口。比如说：“工、学矛盾。”工作忙无可厚非。要说忙，领袖人物和企业巨子更忙，但他们总能忙里偷闲，阅读大量书籍，用以指导工作实践。透过许多“忙人”的背后可以看到，他们不是照样麻将桌上“团团转”、卡拉OK厅里“大声喊”、桑拿池里“泡又涮”吗？难道这不需要时间吗？而且这些游戏带来的负面影响很坏。如果家长去搓麻将、看电视，让孩子学习，他（她）们能学下去吗？古人云：“不能正己，焉能正人。”因此，作为成年人，既要关心孩子学习，也要关心自己“充电”。我想，只要痛下决心，拿出关心孩子学习的劲头来关心自己的学习与“充电”，舍得花时间、花费用，一定会学有所获，后发制胜。同时，也可以用自己的实际行动教育孩子，一箭双雕，何乐而不为？

（原载《审计月刊》2006年第2期，作者李启明）

这是编者2006年3月在某刊发表的一篇小品文，旨在提醒中青年朋友不要只是关心孩子如何学习，千方百计让孩子上重点小学、重点中学、重点大学，为此不惜财力和精力。同时在紧张繁忙的工作中也不要忘了给自己学习“充电”，否则，就可能掉队，被社会淘汰出局。

一、管理从学习开始

我认识的一位女研究生在七年前以较高学历进入一家贸易公司工作。一开始颇受公司赏识，受到经理的器重，公司里的大项目几乎都有她的参与，几年以后，公司又招进一批有实践经验的新人。这批人学习能力极强，半年就可以上手。此后，上司渐渐对她不满，不再把重要的工作任务交给她了，而是委派给其他的同事。她心里很不舒服，觉得很委屈。

她重新审视了自己的工作，发现自己在经受了一段时间的锻炼以后，就变得安于现状，疏于学习，停滞不前了。为了重新找回自己加入公司时的心态，不再满足以前的小小成就，从零做起，重新开始。学习充电的“饥饿”感让她上进起来。慢慢地，她重新获得了总经理的重用，不久就被提拔进管理层了。

终身学习是信息时代的要求。一个人不可能各方面都做到最好，但善于学习的人，却能够利用自身的优势，发挥潜能，提升自我。对于生活在现代社会的每一个人来说，工作后再学习是一种消费，更是一种投资，这种消费和投资有很大一部分是用来充实自己，完善自己，为自己增加实力的。一些人在有了一份稳定的职业后，忙着为生活、为家庭操劳“做贡献”，慢慢地放弃了学习，这使得这些人的职业发展不免后继乏力。因此，要持续不断地学习，将学习作为生活中的一部分，是每个职场中的人特别要注意的事情。

要让自己成为“学习快手”。美国微软公司招聘职员时，颇为青睐一种“聪明人”。这种“聪明人”，并非在招聘时就已是某一方面的专家，而是一个积极进取的“学习快手”。一个会在短时间内，主动学习更多与工作有关的知识和积极提高自身技能的人。当今世界日新月异，车子、房子，一切事物都会不断折旧。在充满变数的社会里，人们赖以生存的知识、技能一样也会折旧，而且折旧的速度会越来越快。美国职业专家指出，现在职业半衰期越来越短，所有高薪者若不学习，无需五年就会变成低薪。在这种情况下，你若固守着原有的知识储备，去争取升职加薪，只能是痴心妄想。如果你不注重学习，你的身价也会迅速贬值。假如你目前的事业进展缓慢，或正走下坡路，这就向你敲响了“学习”的警钟。此时的当务之急就是多学习一些实用技能，或者把一度荒废的学业捡起来，这些硬件会增加你的“分量”。一旦有机会，它就会成为你升职加薪的秘密武器。

要想时时不忘给自己充电。对学习就要时时保持一种饥饿意识。一个饥饿的人，会主动地寻找食物。同样，一个对自己工作有饥饿意识的人，会主动地充实自己。他们不满足于现有的成绩，时刻想着超越自己，追求更高的职位。他们总在寻找机会充电、学习，他们总是充满激情地工作，为了下一刻可能获得的成绩而努力。

二、重在提升自己的学习力

所谓学习力，一般是指学习的动力、学习的能力和学习的效率。细分开来讲，学习力又包括阅读力、记忆力、思维力、观察力、注意力、想象力等。

1. 学习动力从何而来

首先来自正确的学习观，即人们对学习的基本看法。无论是学习态度的确立，学习内容的选择，还是学习方法的改进，都与学习观念密切相关。长期以来，不少领导干部的学习观念比较淡薄或偏于狭隘。一是对在职学习的真正意义和重要性缺乏出自内心的真情认识，表现在看书学习和参加多类培训方面缺乏激情；二是不能正确处理好工作与学习的关系。说起来重要，忙起来不要；对下级布置重要，对自己似乎无关紧要。重实践，轻理论，重实用，轻积累，因而缺乏动力。《创造培训奇迹》一书的作者欧文·拉兹格讲："一个人想从平凡普通变得出类拔萃，其秘诀就是相信奇迹并懂得变化和学习。"在西方学者眼中，学习就是"体悟生命的意义"。通过学习，不仅使人们认识未知的世界，积累创造未来的能量，而且能实现重新塑造自我的人生境界。作为领导干部，学习除了是为更新知识、补充技能、提高素质外，更重要的是可以转变心态、变革思维、开发潜能。这样看来，有谁能说学习不重要呢？当前领导干部学习最重要的是要更新学习观念。

（1）全面发展的学习观。所谓全面发展，主要是做到三个统一：即在学习的过程中既要学会做事，还要学会做人，正确处理"德"与"才"的关系；在整体学习内容的选择上，正确处理"通"与"专"的关系；在知识、能力和素质三者之间处理好"学"与"用"的关系。知识是基础，但必须转化为素质和能力。

（2）自主学习观。自主性学习要求在学习过程中有正确的学习动机、学习态度和学习目标，能够对学习过程进行自我选择，自我调节，想学什么，怎么学，心中应有一本账。不是领导要我学，而是自己自觉学。凡是被逼着学的，不是自愿学的，都不会有好的效果。

（3）创造性学习观。创造性学习观是把学习当做一项创新的工程来研究和实施，而不是局限在书本里为读书而读书。学习创新是与信息革命并行的一场革命，学习创新比技术创新更重要。有人讲“学习是动态的技术，今天的学习就是明天的技术”。通过学习研究，改变思维定式，撞出创造的火花，点燃生命的火把，实现工作创新。

（4）终身教育学习观。中国有句古话：“活到老，学到老。”学习是一生一世的事，而不仅仅是完成大学学业，或拿到硕士、博士学位后就可以一劳永逸、高枕无忧。终身教育要求在时间上贯穿人的整个一生，在空间打破学校与社会的隔离、工作与学习的脱节。

（5）团队学习观。如今，全社会都在提倡建立学习型组织。学习型组织是一个不断创新、共同进步的组织。大家都在不断突破自己的能力上限，创造真心向往的结果，培养全新、前瞻和开阔的思维方式，全力以赴实现共同的理想，以及不断地探讨如何共同学习的问题。团队学习的一个共同特点是可以深度对话，集体思考，实现知识共享，信息共享，还可以引发许多新的思考。美国微软公司把团队学习当做一种核心竞争力。通过团队学习相互反馈，相互反省，相互交流。

当然学习的动力还有待学习与使用结合，防止学归学，用归用，学而不用。学而不用，学习者的动力就会逐渐衰减。

2. 学习能力如何提升

学习的能力如何提升，不在外部而重在主观的能力。原苏联一位教育家指出：“每个人所受的教育的精华部分，就是你自己教给自己的东西。”为此，学习能力一是要在猛和专中提升。《疯狂英语》风靡一时，重在疯狂。无需设备，无需书本，无需教师，无需按部就班，只要自己发奋即可；学习要有专功，不是头发胡子一把抓。二是在自省中提升。学习的过程，也是对照检查的过程。社会心理学家指出：“人们对事物进行归因时，通常把积极的结果归于自己，把消极的结果归于外人和客观，这样难以公正地审视自己。”三是在实践中提升。在人生成长过程中，书本知识只占很少一部分，大部分靠在实践中去学习，多领悟，多思考，多调查，让学习的速度大于变化的速度，才能永远立于不败之地。

3. 如何提高学习效率

提高学习效率，重在学习方法。著名科学家钱学森讲：“世界上最有用的知识是什么，是方法。有一本《方法》杂志，会教给你各种各样的方法。”

学习方法之一，注意克服学习的智障。

即阻碍学习的原因和学而无效的原因。常见的学习智障主要表现在以下几个方面。

一是局限思考。这里有自觉性的，也有非自觉性的，自觉性局限思考停留在表层，比如说，“我只要干好自己的活就行了，管不了其他的事”。这样就如井蛙之见，把自己局限在一个狭小的天地里，妨碍看到外面的世界，从而也忽略了更大事业的目标。非自觉性局限思考是一种戒备性的思考，口头上讲学习如何重要，真正让他学习，又以各种借口放在次要地位。我们平常讲“口是心非”，“表里不一”并不都是故意的，往往与局限性思考有关，不自觉地拒绝学习。

二是归罪于外。我们每一个人都有一种倾向，害怕失误，不习惯“令人失望”。一出现问题往往怪罪于身边的人和事。营销部门责怪生产部门；生产部门责怪设计部门；设计部门又回头责怪营销部门。这样推来推去却不从自身找原因。透过现象看本质，害怕失误，经不起挫折是缺乏学习，个人素质低的表现。

三是经验幻觉。从经验中学习是最好的途径，但是从经验中学习也有时空的局限性，世界万事万物绝不是简单的重复。我们允许犯一定的错误，但绝不允许多次犯同样的错误。之所以犯同样错误，往往与迷信经验拒绝学习有关。

四是虚幻的负责。企业组织常常把对外采取积极行动和对内主动负责混为一谈，真正的主动负责在于预先看到自己的问题和不足。这种预见也来源于学习，否则自我感觉良好，就会像盲人骑瞎马，夜半临深池。

五是团队的“迷思”。很多公司只奖励擅长提出某种建议的人，而不奖励那些深入质疑复杂问题的人。团体表面上看起来很有凝聚力，实际压制了许多不同意见的人，这种政策导向压抑了人们自觉的思考和学习，从而造成团队自觉不自觉地拒绝学习。

六是重视员工学，身为领导却不能带头学。大多数领导人强调自己忙，很少安排自己学，而是让员工学。员工学固然很重要，但领导学习更为重要。现在有一种说法叫做“忙”等于“盲”，越忙越乱。今天的失误往往会给明天带来更大的危机。

学习方法之二，创新学习方式，提高学习效率。

传统的学习方式习惯于把它跟教科书、教室、教师、死记硬背和考试联系在一起。学习视野不宽，学习方式单一，今天进入学习型社会，学习方式必须大胆创新。

(1) 要善于选择适合自己的学习类型。传统的学校教育只相信、青睐和依靠某一部分人，如视觉学习者和听觉学习者的天赋，极少考虑占30%左右的动觉和触觉学习者的天赋。这样后者就天然地成了"课堂里主要失败人选"。这种情况，好像事先预备好了一个框框，适合我框框的你就高高兴兴进来，不适合的你就老老实实走开，这种越学越偏的方式，会直接影响自己的知识结构。在盲目的学习过程中即使视觉学习者或听觉学习者，他们的智力的运用也是褊狭的。他们并不是受益者，而是失败者。

真正的科学能为历史的蒙冤者平反昭雪，能消除人的"原罪"。这就是解放，这就是革命。掌握了这一个观念，我们不再会说自己天生有什么问题，而是应该追究我们的学习方式有什么问题。我们可以从自己的特点出发，去选择更适合自己的教育，选择更恰当的学习方式。

(2) 要重视发挥身体学习的潜能。长期以来我们比较重视大脑学习，而忽视了身体的潜能。人的存在本身，就是大自然最大的奇迹。创造学习奇迹，无非是把人身体里所具有的奇迹显露出来。我们常常惊叹于许多动物的神奇本事，例如，老鹰能在几千米的高空上看清地面的猎物；蚂蚁能举起相当于自己体重100倍的物体；有一种仅半毫米的虫，能承受比大气压高6000倍的压力，能在零下253摄氏度~零上151摄氏度生存。但是，动物的这些本事，跟人比起来，不值一提。我们经常听到，哪里哪里又出了什么神童，能背多少多少唐诗，能记住圆周率的小数点后面多少位数字。其实这是正常的儿童都力所能及的小手段。关键在于是否有必要那么做。我们的许多潜能，正是在扭曲的运用中丧失的。只要我们自由地、和谐地发挥身体的智慧，在学习中就可以无所不能。

(3) 要运用更多的感官学习。传统学习，主要用的是视觉和听觉感官，其他的感官觉基本上在睡觉。大自然赐予我们那么多的感觉器官，为的是全面感受世界的丰富性，而我们却那么吝惜，吝惜自己，又吝惜世界。我们把本来敞开的与世界沟通的门窗都关上了。我们不会用牙齿、不会用舌头、不会用鼻子、不会用手、不会用脚学习。我们的感官越来越迟钝，我们越来越远离感性，变成了干瘪抽象的“理性人”。因此，恢复感性的权威，恢复感官的完整性，对于学习革命至关重要。要“尽量不只运用一个感官进行学习”。“无论如何强调调动所有感官的必要性都不为过”。要说学习方法，这是最主要的方法。

(4) 要向体育运动学习模式。我们经常说现在的学习比较片面，没有发挥身体的全部潜力，那怎么样才算发挥身体的全部潜力呢？体育运动给我们提供了榜样，体育运动的八条要素，比如梦想、目标、激情、体脑结合、目标视觉化、个别指导、珍视错误、重视行动等，都是我们的学习所缺乏的要素。不要说别的，就是简单地把这些要素贯彻到学习中去，我们也能有巨大的收获。从大学习观看，体育本身就是一种最好的学习。在我们的身体里，蕴藏着全部感觉、认识、情感、意志、审美和交往的秘密。只有通过身体的锻炼和运动，才能使它们获得较为均衡的发展，不至于此消彼长。

(5) 要注重从实践中学习。许多成功人士学习的一个共同特点是联系实际学习。学习要发挥来自实践第一线的优势，要发挥勤于思考的特点，多问几个为什么，问自己，问老师，问朋友，横向思考，纵向思考，创造性思考，使学习的速度大于竞争者的速度，大于变化的速度。

学习方法之三，打破僵化，更新传统学习理念。

当今学习效率不佳，与我们固守的僵化的传统学习理念有关。以下10种新的学习理念值得我们重视。

(1) 效果比效率重要。只有爱你所做，方可做你所爱，进而得你所想。

(2) 过程比结果重要。一个高绩效的组织就是每小时积累起来的欢笑声超过10分钟的单位，个人也是如此。美好的过程可产生美好的结果，就像电脑一样，你输入的是什么则输出的必是什么。

(3) 广度比深度重要。20世纪是专业挂帅的年代，进入21世纪则不然，制胜关键除信息外，更重视创意。没有创新就是死亡。创意的来源不仅在于专业深度的加强，更在于知识广度的学习。

(4) 计划比随意重要。在学习的时候应该清楚目标并订立具体可行的计划，这样可能会比较慢，但能使你赢得最后胜利。

(5) 数量比质量重要。学习是否有成？除了“质”的提升，更应着重“量”的扩充。

(6)“浏览”比“精读”重要。在面临知识爆炸的新世纪，如果你仍沿用泛读的方法，肯定要吃亏，因为未来的学习重点，不只在于你学到多少，而更在于你是否知道。聪明的记者在读报时只注意看大小标题和概述。只在他认为重要的地方才去细读，如判决书的最后结果。

(7)“学习”比“学历”重要。美籍华人严长寿只是高中毕业，23岁时从美国运通的传递员做起，28岁他已是美国运通的总经理，32岁成为亚都饭店的总裁。在谈到自己如何会成功时，他指出：“我把自己当垃圾桶，把握每一个学习的机会。”

(8)常识比知识重要。知识的来源是书本，这是将他人的想法观念植入你脑海；常识的吸取是经验，通过自己的体验，将理论转为经验。过去我们在重视学习知识时往往忘了常识。

(9)思考比阅读重要。学习是否有效，不在阅读，更不是死读，而是要多加思考及活用。如此学习才会产生排山倒海的力量。

(10)终生比一时重要。一个人在学校学的东西，在大学毕业后五年约用到20%，以后逐渐衰减，以致成为“新文盲”。因此人应该终身学习。停滞就是落伍，唯有终身学习才是生存之道。所以学习绝不是“一时之事”，而是“一世之事”。

三、打开“学习之门”

《超级教学》作者、美国超级营地创建人之一埃立克·詹森认为，相信影响学习的三个主要核心因素：状态、策略和内容。“状态”即创造适当的学习精神状态，“策略”代表授课风格和方式，“内容”是主题，在每个好的课程中，三者缺一不可。但是很多传统的教学忽视了“状态”，而它是三者中最重要的。学习之“门”必须由此打开，否则真正的学习无法发生。

1. 寻求最佳学习状态

(1)要营造适合学习的氛围。美国马里兰大学一名教师在给亚特兰大一家公司做培训时说：“整个气氛必须是没有威胁性的，而是令人感到受欢迎的。”她上课的第一件事就是活跃课堂气氛，改变严肃的学习氛围。他要求所有教育机构要向最好的企业文化学习。如航空公司，每一条国际航线都以让人感觉舒畅和平静的音乐来欢迎旅客们登机，直到安全示范开始；参加旅游团去夏威夷旅游，不久你就会陷入一种热烈的节日气氛中，你被戴上用岛上鲜花做的花环；参观迪斯尼乐园或迪斯尼世界，你会立刻被它的整洁、动感以及整个气氛所感动。

通过对气氛和欢迎顾客等细节的相同关注，麦当劳建成了世界上最大的快餐店连锁网。"你的教室将很少有完全的宁静，分享以及相互交流是轻松气氛的关键部分。新发现、新的学习内容以及成功所带来的强烈的喜悦都需要表达。"

当你走进一间精心准备的会议室或教室，如果那种"轻松、喜悦的气氛"充满其中，那是营造更有效的学习气氛的第一步。

(2) 激发学习情绪。成人学习面临工学矛盾和记忆力明显下降的困扰，要他们主动学习，必须千方百计调动他们的学习情绪。比如在上课前或课间放一些音乐，引起他们的"共鸣"或做些健脑操的动手动脑活动，促进"右半脑"与"左半脑"之间的交流。

(3) 将目标管理引进学习之中。首先是设定个人学习目标。一般而言，如果学习者知道他们要去哪里，那么他们的道路就是明确的。在实践中，大多数人都会超额完成他们给自己设定的个人目标——这或许也是最佳管理原则。

首先问你自己：我特别想学什么？为什么想学它？

如果它是一个新的工作、一项新的技能、一个新的爱好、一次海外旅行、一项新的体育运动、一种乐器或一个新的挑战，你需要知道什么？

如果你设定了目标，学习任何东西都会很容易。你设定了目标之后，将目标分成几个可以实现的小目标，然后为每一步骤规定切实可行的期限，这样你从一开始就能看到成功了；其次，要融入激情，学习要猛，要专，要投入精力和时间。激情是通向记忆的闸门。喜欢学习的人，学得最快最好，不想学习的人再强迫也无济于事。其三，是自我评估，这是一个最能体现"向内挖掘"以发现宝藏的地方。通过反省、分析、综合，然后判断，找到学习收获和体会。

(4) 从概貌和常识开始。长期以来，我们学习内容被肢解，学习数门功课，结果不知道概貌和常识。你不妨做个简单试验。如果你游览一座新的城市，你就预先获取一些彩色旅游小册子。这些小册子会向你指明几个最重要的地方。或者，去公共图书馆找出百科全书中有关该地的概要，然后将它复印。这样你有了概貌图画后，就可以构筑起细节。你会知道这些细节将放到什么地方。

（5）多问。学问，学问，一学二问。问是学习者字典中最重要的一个字。永远不要害怕问，永远不要害怕问你所能找到的最好的专家——即使你以前从不认识他们。不仅要问老师，问同事，还要善于问自己，多思、反思、才能悟出知识的真谛。

2. 建立学习型组织

如果你是一名领导干部或中层主管，那么你不仅要为自己学习充电，更要学会通过建立学习型组织带动大家一起学习。

彼德·圣吉指出："所谓学习型组织，指在一个系统内不断突破自己的能力上限，创造真心向往的结果，培养全新、前瞻和开阔的思维方式，全力实现共同的抱负，从而不断地学习如何学习。"

上海明德学习型组织研究所概括了学习型组织的六大内涵。

（1）拥有终身学习的理念和机制。

（2）建有多元回馈和开放的学习系统。

（3）形成学习共享与互动的组织氛围。

（4）具有实现共同愿景的不断增长的学习动力。

（5）工作学习化使生命更有意义。

（6）学习工作化使组织不断创新发展。

为什么要创建学习型组织？彼德·圣吉提出了10条理由。

（1）因为我们想追求优秀的成绩。

（2）为了改善自身素质与品质。

（3）为了更好地满足顾客需要。

（4）为了寻求竞争优势。

（5）为了使员工生机勃勃，兢兢业业。

（6）为了应付变化，使学习速度大于变化的速度。

（7）为了追求真理。

（8）因为时代需要学习。

（9）因为认识到学习的重要性与依赖性。

（10）因为幻想……

学习型组织概括起来主要有两大特点。

（1）学习与工作结合，简单地讲是学习工作化、工作学习化。所谓学习工作化，即把学习过程看做工作过程，在学习中反思工作中的问题；所谓工作学习化，即把学习当做工作的一部分，也要对自己进行计划、检查、考核。有人问中国员工是来干什么的，他们只回答来工作的，而西方国家的员工回答是：工作、学习、创造。

（2）个人学习与组织学习结合。组织学习有三大特点：①信息反馈。②组织反思。③成员共享。微软公司对学习提出三项要求：①通过学习自我批评。②通过学习交流信息。③通过学习交流经验。有人说微软的核心竞争力是技术，而比尔·盖茨更看重公司的学习力。

如何建立学习型组织？美国著名学者彼德·圣吉提出5项修炼。

（1）系统思考——即用整体思维去破解、克服当代片面思维的危机。系统思考是以一种新的方式使我们重新认识自己与所处的世界：一种心灵的转变，从将自己看做与世界分开，转变为与世界联结；从将问题看做是由“外面”某些人或事所引起的，转变为看到自己的行动如何造成问题。经过50年的发展，系统思考已发展出一套思考的架构，它既具备完整的知识体系，也拥有实用的工具，可帮助我们认清整个变化形态并了解应如何有效地掌握变化，开创新局。

（2）自我超越。“自我超越”是学习不断理清并加深个人的真正愿望，集中精力，培养耐心，并客观地观察现实的过程。它是学习型组织的精神基础。精熟“自我超越”的人，能够不断实现他们内心深处最想实现的愿望，他们对生命的态度就如同艺术家对艺术作品一般，全心投入、不断创造和超越，是一种真正的终身“学习”。组织整体对于学习的意愿与能力，植根于个别成员对于学习的意愿与能力。此项修炼兼容并蓄了东西方的精神传统。

遗憾的是，几乎没有任何组织鼓励他们的成员以这种方式成长。这个领域是一片庞大而尚未开发的处女地。一位老总曾说过：“企业的员工多半聪明、受过良好教育、充满活力、全心全力、渴望出人头地。但他们到了三十多岁时，通常只有少数者平步青云，其余大多数人都失掉了开始时所有的企图心、使命感与兴奋感。对于工作，他们只投入些许精力，心灵几乎完全不在工作上。”这种组织设计所造成的个人生涯是多么可悲！

而且令人惊讶的是，就个人而言，也只有少数的成年人努力发展本身，超越自我。当你询问成年人的愿望是什么时，通常他们首先提到的是较负面的人或事。例如，他们说：“我想让公司我最看不上的某某调走。”或者：“我想要彻底治好背痛。”

自我超越的修炼，则是以清理我们真心向往的事情为起点的。

(3) 改善心智模式。“心智模式”是根深蒂固于心中，影响我们如何了解这个世界，以及如何采取行动的许多假设、成见，甚至图像、印象。我们通常不易察觉自己的心智模式，以及它对行为的影响。例如，对于常说笑话的人，我们可能认为他乐观豁达；对于不修边幅的人，我们可能觉得他不在乎别人的想法。在管理的许多决策模式中，决定什么可以做或不可以做，也常是一种根深蒂固的心智模式。如果你无法掌握市场的契机和推行组织中的变革，很可能是因为它们与我们心中隐藏的、强而有力的心智模式相抵触。

在20世纪70年代初期，壳牌石油在世界七大石油公司中排名最后，而到80年代末，它已经成为最强的一家石油公司。壳牌石油公司是第一家了解加速组织学习好处的大企业，他们发现隐藏的心智模式影响既深且广，尤其是当它成为共有的心智模式时。壳牌石油公司企划主任德格说：“要在变动的企业环境中持续调适与成长，有赖组织化的学习，这是管理团体改变对公司、市场与竞争者的共有心智模式的过程。因此我们把企划看成学习，而把公司整体企划看作组织化的学习。”

改善心智模式，最主要的方法是将镜子转向自己，发掘内心世界的图像，使它浮出水面，并严加审视，矫正自己的习惯性和定式思维，向创造型思维转变。

(4) 建立共同愿望。一个缺少全体衷心共有的目标、价值观与使命的组织，必定难成大器。IBM公司以“服务”为特色，拍立得公司以“立即摄影”为使命；福特汽车公司以“提供大众公共运输”为目标；苹果电脑公司以“提供大众强大的计算能力”为宗旨。这些企业组织都以共同的愿景把大家凝聚在一起，大家有了衷心渴望实现的愿景目标，就会努力学习、追求卓越。当今组织所缺少的，是将个人的愿望整合为共同的修炼从而制定一套引导学习的原则。

(5) 团队学习。在一个管理团队中，大家都认真参与，团体的集体智慧高于个人智慧，团队拥有整体搭配的行动能力。当团队真正在学习的时候，不仅团队整体产生出色的成果，个别成员成长的速度也比其他的学习方式要快。团队学习之所以重要，是因为在现代组织中，学习的基本单位是团体而不是个人。并且学习是一个终身的过程。你永远不能说："我们已经是一个学习型组织。"学的越多，越觉得自己知道的少。因而，一家公司不可能达到永恒的卓越，它必须不断学习，与时俱进。

结论：改善心智模式使你认清自己的局限，从而产生学习的激情和紧迫感。自我超越使你真正又见树木又见森林；共同愿景使团队形成共同意志，而团队学习是组织修炼的基本方法。

3. 聘请私人教练单练学习

学习私人教练，听起来有些陌生，但在国外早有先例，而且卓有成效。像美国著名企业家泰格·伍德和屠纳·杜普这样的成功人士都离不开私人教练帮助事业发展。教练不是朋友、老板、姻亲，也不是业务上的熟人或导师。教练的作用在于通过单独的、有针对性的指导来帮助你完成某项特殊的或重要的工作。

"一个人教一个人"，这是美国加州大脑研究专家玛丽安·戴尔蒙德为20世纪90年代推荐的主题。

有些教练专门辅导如何化解危机。有一家天然食品公司，曾因出售受污染的果汁饮料造成一名儿童死亡、六人住院而遭指控。该公司首席执行官聘请了一位教练帮助他处理来自新闻界、公众舆论、受害者及公司内部员工等各方面的问题。

有些教练擅长交流和演讲技巧。美国一家电缆公司的首席执行官在去华尔街兜售该公司的股票前，用了一天的时间和一位教练研究：在回答棘手问题时，如何安之若素、应答自如。一家澳大利亚旅馆的总经理要去参加一次招聘面试，应聘负责管理一处不动产。这位经理就聘用了这方面的教练帮助自己准备面试。

有些教练专攻特定场合下如何行事。一家公司发明的助听器需要得到FDA的许可，该公司首席执行官在赴华盛顿前，数次与教练彩排如何按法定程序提出申请。

虽然不同的教练专注于不同的领域和技巧，但他们共同的目标是使你表现得更好，也就是突出你的优点弥补你的缺陷。

私人教练和你一起工作，给你客观的、专业化的指导，强化你的优势，弥补你的不足，从而提高你的整体实力。当人们处在事业的转折点时会需要一些特殊建议，这时聘请一名职业教练或安排一次培训课程往往会让你拨云见日，事半功倍。

4. 重视管理知识更新

2006 年 10 月,《经济日报》发表了笔者《企业家要重视管理知识更新》的文章，其中一些内容与本章所讲的学习具有相关性，现附录于此，以供参考。

进入 21 世纪以来，我国的经济社会环境进入了一个快速变革和急剧竞争的新进代。时代要求学习的速度必须快于变化的速度。实践证明，企业家要追求市场的开拓，产品的创新，首先要追求管理知识结构的更新。只有管理知识的不断更新，才能引领企业持续有效发展。

传统的管理知识主要是指人们所熟悉的人力资源管理、财务管理、组织管理，以及与合作者、消费者、供应商、分销商、制造商博弈的知识，这是企业追求降低成本、价值增值的短期目标中最核心的知识。这些相对传统的知识在今天商务实践中虽然仍在发挥有效的功能，但是这种知识的应用是有条件的，它是在基本不考虑组织的适应性、员工的学习能力，以及公司长远发展规划条件下运行的。如果一旦把上述因素考虑进去，传统的静止的管理知识显然是不够用的。

进入 21 世纪以来，传统的管理知识体系遇到了严峻的挑战：一是市场经济带来经营环境变化的挑战；二是知识经济带来新技术和信息化的挑战。如果企业家在这些方面存在知识“弱智”，势必严重地阻碍企业的发展。

中国企业家究竟需要更新哪些管理知识呢？笔者认为最主要的有组织管理知识更新、战略管理知识更新、经营管理知识更新等三个方面。

（1）组织管理知识更新。组织结构决定效率。首先，从组织结构看，目前出现的趋势一个是扁平化趋势，减少管理层次，扩大管理幅度；再一个是柔性化组织，不设置固定的和正式的组织机构，而代之以临时的弹性的以任务为导向的团队组织。从组织战略上看，从以“稳”字当先向以“活”字当先转变；从董事长领导下的总经理负责制向专家集团领导和领导民主化的领导体制转变。

（2）战略管理知识更新。现代战略知识强调变革，制造差异，企业家必须具有动态方面的战略意识与知识。在新的历史条件下，只有人们的创造性得到充分的发挥，才能维持企业竞争力的可持续性。企业家应当依据本行业的变化，不断调整自身的战略定位。目前，企业家在战略定位上存在一些误区；如不以市场需求定位，而是以自己所谓能力定位，生产越多，积压越多；将定位一劳永逸，不会随机应变。

企业家应关注保持可持续性发展的竞争焦点，与企业长期战略保持一致，不要声东击西，朝令夕改，模糊经营领域。

(3) 经营管理知识更新。经营管理知识更新重点表现在成本、营销、品质、公共关系、变革等方面。①成本管理知识。一切绩效管理都是成本管理。②市场营销知识。企业家要善于学习各种新的营销方式，如体验营销、网络营销、感性营销、文化营销、社区营销等。③品质预测新知识。对进化方向和产品价值做出预测，创造特殊的产品需求和服务需求。④公共关系知识。包括处理好与政府、与社会、与竞争者之间的公共关系。⑤应变方面的知识。

中国企业家如何更新管理知识?

一是追求变革。所谓变革，实质上是在寻求另一种新的竞争方式。由于企业面临的外部环境在不断变化，企业家必须不断地强化自己的变革。

二是关注未来。主要反映在四个方面的新知识：①关注未来市场变化，注重市场预测和新产品开发方面的新知识。②关注未来技术变化，注重技术进步和管理现代化方面的新知识。③关注未来投资效益，注重资金周转效率方面的新知识。④关注未来对员工素质要求，注重人才培养和智力开发方面的新知识。

三是追求弹性。面对变化的未来，企业家要增强应变的弹性知识，这种弹性知识要求适应外部环境的变化，培养自己大胆授权的工作作风以及善于引导协作者单独或以团队形式同外界打交道的能力。

四是关注学习和培训。中外成功的企业家有不少都是教育培训专家。他们不仅自我带头学习，还要千方百计组织员工学习。建立学习型组织，使工作与学习结合、个人学习与组织学习结合。微软公司对学习提出三项要求：①通过学习自我对照。②通过学习相互交流信息。③通过学习总结经验教训。

总之，既要继承传统的管理知识，也需要创新。企业家只有不断地更新管理知识才能永远立于不败之地。

思考题

1. 你对学习“充电”还有哪些困惑?
2. 你准备如何打开学习之“门”?

附　录：成功的九条建议

——世界10位最伟大的百万富翁的成功奥秘

加拿大查尔斯·阿尔伯特·玻森特和美国克里斯藤·歌德弗洛伊在《成功如此简单》（海峡文艺出版社，2002年10月）一书中，总结了世界十位百万富翁的成功奥秘，现摘编如下，以飨读者。

一、谨慎择友

从事商业活动你必须多交朋友，这些朋友会变成你的盟友，帮助你快速攀上成功的阶梯，而且速度会快得令人难以想象。但是，在选择朋友时你必须谨慎，在选择那些与你的生意有关的朋友时，更应该慎之又慎。避免和失败者、阴谋家以及理想渺小的人做朋友。

（1）远离失败者。首先要把失败者辨别出来，这些人失败的迹象一般非常明显。你在成功的路上走得越远，你判断人的能力就会越强。不要选择失败者做你的伙伴，因为成功者不管有多么强大，只要和失败者结合很少能够产生积极的结果。

失败者会让你浪费巨大的时间、精力和金钱。最后，为了达到事业的最高地位，成功者不可避免地要收回失败者的权力，然后从头把他的工作重新做一遍。从长期来看，这种伙伴关系最终会朝着相反的方向发展，以失败而告终。

总之，不管成功者出于什么样的好心，他都可能会害了失败者。失败者已经习惯了失败，他们不会觉得失败是多么糟糕的事，失败是滋养他们的土壤。但对成功者来说，这个恶果并不好吞咽。但成功者会从中获得一个教训：在选择将来的同事时，会加强他对人的判断力，他不会再犯同样的错误。不管怎么说，这两种人相处不来，因为他们没有共同的基本价值观。

（2）远离阴谋家。阴谋家的事业刚开始看起来是成功的，但从长远角度来看，这些人注定会失败。那些一直依靠不可靠的交易和操纵手段的人最终会自食其果，他们的敌人会越来越多。对那些常常在背后陷害同事或雇员的人要保持警觉，在你不在的时候，他们也会这么对你。

(3) 远离目光短浅者。像逃避瘟疫一样，避开这些人。因为他们本身目光短浅，他们会阻碍你。他们心胸狭窄，不能理解为什么其他人比他们目光长远，他们会毁了所有接触他们的人。他们唯一擅长的事就是打击你的热情，试图劝阻你继续前进或开创新的事业。如果你目标远大，他们会嘲笑你，他们会给你贴上疯子或幻想家的标贴。要对他们的话充耳不闻，继续前进。更重要的是，不能与他们为伍。与其激励他们，让他们浪费你的精力，还不如把这些精力用来为自己的目标服务。

(4) 与成功者联合。与成功者联合起来，你获得成功的机会就会增加。实际上，两个成功者联合取得的成就比任何人单独取得的成就都要大得多。所以，如果你希望继续前行，与那些目光和你一样长远的人来往，这种联合会让你们获得意想不到的成果。把追求同一个目标和价值的人联合起来，是一条成功的原则。

两个具有成功倾向的人在一起工作，他们的思想、背景和个性的碰撞，会让他们相互学到很多东西，并发现伟大的思想。公司的董事会实际上就是这样的团队，每个人贡献各自的经验和专长。商会和销售联合体也是以同样的方式运行的。法国哲学家蒙田曾经说过："当人们被召集起来组成一个团体，他们的才智浓缩了。"你可以建立自己的团队，选择你相信的人，最好是你的朋友或者有积极心态的人，这是你必须做的一件事。

二、学会交流

我们生活在信息革命的时代。想要成功的人，必须学会以清楚的口齿、坚定的态度和一种令人信服的方式表达自己的观点。在成功的道路上，你会不断遇到需要说服他人、表达观点的场合，所以，参加公共演讲课程的学习是必要的。奥纳希斯会讲四国语言，也参加过公共演讲课。盖蒂通过收听录音课程，在一个月内学会了阿拉伯语。试着一晚上不看电视，参加一种语言课程的学习。会说第二门、第三门外语，这将是一种无穷的财富，会拓宽你的交际圈。

即使你在公共演讲方面有天赋，也应该参加公共演讲课程。具有了公共演讲的能力，不管是在观众面前，还是在董事会面前，都能够增强你的自信，让你具有相当大的优势。

三、推销能力

要取得成功，你要具备推销一个观点、一种服务的能力，最后，你还须有推销自我的能力。研究表明个人的成功很大部分取决于个性。

不管参加任何领域的活动，你随时都可能需要进行推销。那些为自己的案子辩护的律师要把他们的观点推销给法官，进行演讲的政客要推销政府的政策，为自己的预算辩护的行政人员也是在推销自我，还有那些直接从事推销的人。不管在任何领域，对推销技巧的掌握会改善你的表现。

四、学会倾听

善于表达是销售必不可少的条件，但你必须知道如何倾听。通常，人们说得太多，聆听得太少。几乎在每一个交易当中，那些知道如何聆听，说得最少的人会获得最大的收益。

通过聚精会神地聆听他人的心声，你表达了一个信号，你对他们说的感兴趣，他们在你眼中是重要的。

大部分人都喜欢交谈，而且最喜欢的话题就是他们自己。学会问适当的问题，这样会表明你对他们所说的非常感兴趣。观察一下自己的行动，看一看你说话和聆听的比率是多少。如果说的比听的多，要小心，另外一个人可能正在不断地取得优势，原因很简单，他聆听的比你多。只说最基本的事情，然后聆听他人。人们会很喜欢与你交谈，把你当做一个健谈者，尽管你说得不多。

五、精心着装

我们生活的世界是形象意识的世界。一些人认为这是一种耻辱，但事实终归是事实。在所有的人际交往中，第一印象起着很重要的作用。那么决定第一印象的重要因素是什么呢？通常是外部的东西，比如得体的西服或礼服、热情的微笑、整齐的发型。人们常常通过外貌来判断一个人，粗心大意的人一般只会给人留下一个坏印象。

如果你希望成功，首先装扮上应该像一个成功人士。如果你不知道如何装扮，看看你的周围，去寻求一些建议。记住，所有的人际关系都包含着某些引诱的成分，整洁得体的衣着与此密切相关。在商界，衣着能塑造一个成功人士的形象。你能够忽略自己的外形吗？

六、健康的身心

在成功的道路上，保持良好的身体是至关重要的。法国哲学家简·雅克·卢梭说过：“身体虚弱时，身体发号施令；身体健康时，它服从命令。”健康的身体是你寻求成功的最佳工具。你应当拥有充沛的精力——不仅是身体上的更是精神上的。

定期锻炼。锻炼可以让你的身体和心灵都得到放松，选择一项能够让你投入、让你忘记所有工作困扰的运动。

大部分伟人都把锻炼身体融入日常生活。伟大的德国作家歌德进行长距离的散步来激发他的灵感。哲学家尼采称他所有伟大的思想都是在他散步时，考虑哲学以外的事情时产生的。

七、OPM 原则（学会用别人的钱）

我们已经提到成功是由团队共同努力的结果。另外，仅仅依靠一个人的钱是不可能成功的。成功也是 OPM 的结果。

贷款是一个非常复杂的事情。对有些人来说，大额贷款是灾难性的，不断变动的利率经常给人带来意外。但另一方面，如果没有贷款，许多公司不可能扩张。拿克莱斯勒公司做例子，李·艾柯卡通过谈判获得了一大笔贷款挽救了克莱斯勒。本田若没有得到银行家的支持，也不可能进行扩张。从小规模的角度来看，许多投资者通过 1 万美元的投资购买一幢 10 万美元的建筑，一年后又以 11 万 美元的价格售出，这样他们在一年的时间里就获得一倍的回报。

我们从中可以获得一个经验。刚开始最好不要依赖大笔贷款，起步时最好不要选择豪华的办公室，成功人士对成本都很敏感。

你是否应该借钱呢？借多少钱？什么时候借？如果你的下意识进行了积极的编程，你会知道是否应该使用别人的钱，我们建议你采取警惕的态度。有一些人从来不敢借钱，一生都在积蓄，勒紧裤腰带，因此错过了无数次发展的机会。所有的富人都申请过贷款。我们应该像他们一样，采取行动。但是先分析一下自己的还贷能力，然后让你的下意识和本能告诉你答案。

八、活用自卑感

每两个人当中，就有一个人对自己的生活存在某种程度的自卑感。你也是这样吗？如果是，那就更好了。与其在那里为自己的缺点懊丧不已，不如告诉自己，你将成为你所从事的领域中最优秀的人物。

发现创造性挫折的优点。你的不满，不管它来自哪里，都能够帮助你前进。在某种程度上，你比那些自我感觉良好的人更有优势。他们不会觉得有必要提高自己，或者改变自我。把你的自卑感和挫折感变成成功的因素吧！人们会因此崇拜你，这样，你也会摆脱自卑心理。

九、选择榜样

所有那些被人崇拜的人刚开始的时候都在崇拜他人。斯皮尔伯格崇敬沃尔特·迪斯尼，本田极度崇拜拿破仑。

学习那些伟人和富翁，选择一个能够激励你达到更高高度的偶像。所有的伟人都有崇高的理想，他们的目标很远大。你现在可能为自己制定高目标。谚语说："一个好榜样是最好的启示。"

榜样能够以另一种方式帮助你。在面临问题时，问自己你崇拜的英雄会怎么做。读读伟人的传记，努力探索他们成功的秘密，他们的例子会激励你前进。现在你已了解这些原则，但是只有你才能够决定是否用这些原则，成为让所有人崇拜的人。

（根据查尔斯·阿尔伯特·玻森特、克里斯藤·歌德弗洛伊《成功如此简单》改编，海峡文艺出版社，2002年10月）

参考文献

1. ［美］艾伦·艾伯斯坦著，郑淑芬、邱淑玲、丁丁译：《善待自己》（Ⅰ，Ⅱ），哈尔滨出版社，2005 年 4 月。

2. ［美］吉米·道南，约翰·麦克斯韦尔著，黄焕猷译：《成功的策略》，中山大学出版社，1996 年 11 月。

3. ［美］凯·洁莉著，朱竞梅译：《办公室情绪管理》，经济管理出版社，2001 年 1 月。

4. ［加拿大］英格丽·张著：《你的形象价值百万》，中国青年出版社，2006 年 5 月。

5. 雷宇编著：《自我管理的 17 堂课》，中国商业出版社，2002 年 8 月。

6. 吴维库著：《情商与影响力》，机械工业出版社，2006 年 2 月。

7. 孙健敏、徐世勇编著：《压力管理》，企业管理出版社，2004 年 1 月。

8. ［英］斯科特·W.文特雷拉著：《积极思考的力量》，中信出版社、辽宁教育出版社，2002 年 10 月。

9. 张伟、张夏编著：《心态好，一切都好》，学林出版社，2005 年 2 月。

10. 千高原编著：《问题管理》，中国纺织出版社，2004 年 11 月。

11. 徐彬编著：《决定人生成败的细节》，国家行政管理出版社，2006 年 3 月。

12. ［美］史蒂芬·柯维著：《高效能人士的 7 个习惯》，中国青年出版社，2003 年 1 月。

13. 唐汶编著：《学会选择，学会放弃》，中国商业出版社，2004 年。

14. 洪昭光著：《40 岁登上健康快车》，漓江出版社，2006 年 4 月。

15. 方洲主编：《中国名人成功素质分析报告》，中国青年出版社，1998 年 6 月。

16. 宿春礼编著：《非权力影响力的 7 堂课》，经济管理出版社，2006 年 1 月。

17. 宋佳琳编著：《改变习惯，改变命运》，中国纺织出版社，2006 年 2 月。

18. 张再生编著：《职业生涯管理》，经济管理出版社，2002 年 1 月。

19. 苏珊著：《企业家的素质》，北京工业大学出版社，2002 年 8 月。

20. 张守富著：《观念决定命运》，中共中央党校出版社。2006 年 4 月。

21. 李启明编著：《成功始于意识——企业家的智胜术》，经济管理出版社，2004 年 2 月。

22. 李启明编著：《成功始于战略——企业家的制胜术》，经济管理出版社，2005 年 2 月。

23. 李启明编著：《成功始于创新——企业家的致胜术》，经济管理出版社，2006 年 2 月。

24. 郑月玲编著：《每周一堂心理课》，人民邮电出版社，2009 年 4 月。

25. ［美］查尔斯·阿尔伯特·玻森特、克里斯藤·歌德弗洛伊：《成功如此简单》，海峡文艺出版社，2002 年 10 月。

26. 马浩著：《决策就是拍脑袋》，中信出版社，2005 年 9 月。

27. ［美］林恩·克拉克著，姚梅林等译：《救助情绪》，北京师范大学出版社，2002 年 3 月。

28. 陈龙海等汇编：《培训故事全书》，海天出版社，2005 年 4 月。

29. 黄明旭编著：《企业中层管理者的 36 计》，经济管理出版社，2005 年 1 月。